# Unity 增强现实开发项目式教程

**微课版**

工业和信息化精品系列教材
虚拟现实技术

王霞 / 主编
潘燕燕 刘洁 / 副主编

人民邮电出版社
北京

图书在版编目（CIP）数据

Unity增强现实开发项目式教程：微课版 / 王霞主编. -- 北京：人民邮电出版社，2025.2
工业和信息化精品系列教材. 虚拟现实技术
ISBN 978-7-115-64132-8

Ⅰ．①U… Ⅱ．①王… Ⅲ．①虚拟现实－程序设计－教材 Ⅳ．①TP391.98

中国国家版本馆CIP数据核字(2024)第067970号

## 内 容 提 要

本书共8个单元。单元1对增强现实技术进行介绍，单元2系统介绍Unity的界面、下载与安装、资源获取等，单元3讲解EasyAR平面图像跟踪，单元4讲解EasyAR 3D物体跟踪，单元5讲解EasyAR表面跟踪，单元6讲解EasyAR运动跟踪，单元7讲解Vuforia图片识别，单元8讲解Vuforia圆柱体识别。全书提供了大量应用实例。

本书可作为高等院校虚拟现实技术应用、数字媒体技术、数字媒体艺术等相关专业的教材，也可作为增强现实编程爱好者的自学资料，还可作为从事虚拟现实、增强现实交互开发的开发人员的学习参考书。

◆ 主　编　王　霞
　副主编　潘燕燕　刘　洁
　责任编辑　刘　佳
　责任印制　王　郁　焦志炜

◆ 人民邮电出版社出版发行　北京市丰台区成寿寺路11号
邮编　100164　电子邮件　315@ptpress.com.cn
网址　https://www.ptpress.com.cn
三河市君旺印务有限公司印刷

◆ 开本：787×1092　1/16
印张：11.75　　　　　　　　2025年2月第1版
字数：238千字　　　　　　　2025年2月河北第1次印刷

定价：49.80元

读者服务热线：(010)81055256　印装质量热线：(010)81055316
反盗版热线：(010)81055315

# 前　言

在编写本书的过程中，我们充分学习贯彻党的二十大精神，将现代科技与教育教学紧密结合，在增强现实领域进行了深入的探索和研究。我们坚持创新教育理念，注重提高学生的实操能力和创新思维能力，积极探索增强现实技术在教育教学中的应用，培养面向未来、服务于社会的优秀人才，让学生在实践中锻炼自己、提升自己。在未来的教育教学过程中，我们将继续用党的二十大精神指引行动，推动创新教育的发展，不断为我国人才培养贡献力量。

增强现实是一种实时计算摄像机影像的位置及角度，并叠加相应图像的技术。该技术利用计算机对从现实世界获取的信息进行加工，从而为用户提供个性化的体验。近年来，随着信息技术的发展，增强现实技术被大众所熟知，越来越多的人开始关注相关领域的动态及发展。如今增强现实技术已经吸引了谷歌、微软、苹果等世界级企业的关注，并且被广泛应用到医学、军事、儿童教育、娱乐、营销等领域。可见增强现实技术具有广阔的发展前景。

EasyAR 和 Vuforia 是很常用的免费增强现实引擎，也是增强现实开发常用的工具，具有容易上手、操作简单的特点，非常利于初学者学习使用。

本书内容涵盖基本概念、基础理论及案例制作等内容；由浅入深，全面、系统地从理论和实践两方面开展 Unity 增强现实引擎基础教学；采用任务式教学，运用先进的教学素材与教学手段，在学习情境的安排上循序渐进，以案例为导向，全面提高学生增强现实开发的能力。

我们根据教师和学生的需求，在经多方调研及与企业一线开发人员多次沟通的基础上，对本书进行了精心设计，在内容的选取和组织上，以对接职业标准和岗位需求为原则，将知识、技能与岗位需求紧密结合，将知识点、技能点融入实践，由浅入深、循序渐进地进行讲解，使学生能够学以致用。在编写体例上，遵循学生的认知规律，注重对学生的动手实践能力和知识应用能力的培养。每个单元的【支撑知识】部分有对应的实践任务，任务实现有详细的分析及步骤，程序代码配有详细的注释，便于学生阅读和理解代码。

本书注重信息技术与课程的融合，配有丰富的学习资源，包括PPT、教案、习题及答案、虚拟仿真软件、微课视频（本书配套的福建省职业教育精品在线开放课程的微课视频，仅供读者学习参考）等。本书使用者可以登录人邮教育社区（www.ryjiaoyu.com）下载书中配套的资源。本书将传统教材与数字化教学配套资源有机地结合，通过立体化出版的方式，促进多维学习的构建，帮助学生开展线上线下立体式的学习活动。

本书由王霞任主编，潘燕燕、刘洁任副主编，李文明、郑志娴、王敏等老师参与了本书的编写。福建数博讯信息科技有限公司在本书编写过程中给予了技术支持，全体成员在编写过程中付出了很多辛勤的汗水，在此一并表示衷心的感谢。

由于编者水平有限，书中难免存在不足之处，敬请广大读者批评指正。

编者

2024年7月

# 目 录

## 单元1 增强现实技术概述·············1
【教学导航】·····················1
【支撑知识】·····················1
1.1 增强现实技术简介···············1
    1.1.1 增强现实技术的原理··········1
    1.1.2 增强现实技术的特点··········2
    1.1.3 增强现实系统················3
    1.1.4 增强现实技术与虚拟现实技术的区别·····················5
1.2 增强现实技术的发展历程·········5
1.3 增强现实技术的应用领域········10
1.4 增强现实开发平台··············15
    1.4.1 EasyAR························15
    1.4.2 Vuforia························15
    1.4.3 ARToolKit······················16
    1.4.4 Kudan·························16
【单元任务】····················17
1.5 AR作品赏析···················17
【单元小结】····················18
【单元习题】····················19

## 单元2 Unity基础···················20
【教学导航】····················20
【支撑知识】····················20
2.1 Unity简介······················20
    2.1.1 Unity的发展历程··············20
    2.1.2 Unity的特点··················21
2.2 Unity界面······················23
    2.2.1 Unity的界面布局··············23
    2.2.2 Unity常用面板················23
    2.2.3 Inspector面板·················27
【单元任务】····················29
2.3 Unity的下载与安装·············29
    2.3.1 Unity的下载··················29
    2.3.2 Unity的安装··················30
2.4 Asset Store的使用···············32
【单元小结】····················35
【单元习题】····················35

## 单元3 EasyAR平面图像跟踪·······36
【教学导航】····················36
【支撑知识】····················36
3.1 EasyAR Sense 4.0的License Key····36
3.2 EasyAR平面图像跟踪···········37
    3.2.1 EasyAR_ImageTracker··········38
    3.2.2 ImageTarget···················41
【单元任务】····················42
3.3 EasyAR Sense 4.0的下载和基本设置······························42
    3.3.1 EasyAR Sense 4.0的下载·······42
    3.3.2 EasyAR Sense 4.0的基本设置···43
3.4 图片文件跟踪··················46
3.5 数据文件跟踪··················49
3.6 多个图像跟踪··················51
    3.6.1 单个Tracker··················51
    3.6.2 多个Tracker··················52

3.7 播放视频 53
3.8 通过图像控制模型旋转和缩放 56
3.9 使用摄像头拍摄并存储图片 62
3.10 文物鉴赏 69
【单元小结】 73
【单元习题】 73

## 单元 4 EasyAR 3D 物体跟踪 74
【教学导航】 74
【支撑知识】 75
4.1 EasyAR_ObjectTracker 75
4.2 ObjectTarget 76
【单元任务】 77
4.3 舞动的小熊 77
4.3.1 项目准备 77
4.3.2 添加跟踪的模型 79
4.4 高射炮打飞机 90
【单元小结】 104
【单元习题】 104

## 单元 5 EasyAR 表面跟踪 105
【教学导航】 105
【支撑知识】 106
5.1 EasyAR_SurfaceTracker 106
5.2 World Root 107
【单元任务】 107
5.3 防流感 107
【单元小结】 111
【单元习题】 111

## 单元 6 EasyAR 运动跟踪 112
【教学导航】 112
【支撑知识】 113
6.1 EasyAR_MotionTracker 113

【单元任务】 113
6.2 垃圾分类 113
6.2.1 搭建场景 114
6.2.2 创建界面 116
6.2.3 实现垃圾分类功能 118
【单元小结】 126
【单元习题】 126

## 单元 7 Vuforia 图片识别 127
【教学导航】 127
【支撑知识】 129
7.1 ImageTarget 129
【单元任务】 130
7.2 Vuforia 的下载 130
7.3 AR 环境设置 131
7.4 图片识别 135
7.5 虚拟按钮 140
7.6 脱卡功能 143
7.7 民俗文化之春联 147
【单元小结】 151
【单元习题】 151

## 单元 8 Vuforia 圆柱体识别 152
【教学导航】 152
【支撑知识】 152
8.1 Cylindrical Image 152
【单元任务】 152
8.2 圆柱体识别 153
8.3 用户自定义识别 156
8.4 塔防游戏 164
【单元小结】 181
【单元习题】 181

## 参考文献 182

# 单元 ① 增强现实技术概述

## 【教学导航】

增强现实（Augmented Reality，AR）也被称为扩增现实。增强现实技术是在虚拟现实的基础上发展起来的新兴技术，可以在用户看到的现实场景上叠加由计算机生成的虚拟信息。

增强现实技术是通过计算机系统提供的信息增加用户对现实世界感知的技术，使用该技术可将计算机生成的虚拟物体、场景或系统提示等信息叠加到现实世界中，从而实现对现实世界的"增强"。在使用增强现实技术的过程中，由于用户与现实世界的联系并未被切断，因此交互方式显得很自然。

## 【支撑知识】

### 1.1 增强现实技术简介

增强现实技术是一种将现实世界信息和虚拟世界信息"无缝"集成的技术，是把原本在现实世界的一定时间、空间范围内很难体验到的实体信息，通过计算机等科学技术模拟仿真后再叠加，将虚拟信息应用到现实世界，被人们感知到，从而让人们获得超越现实的感官体验。

微课1

增强现实技术简介

#### 1.1.1 增强现实技术的原理

增强现实技术在具体工作时，将真实的环境和虚拟的物体实时地叠加到同一个画面或空间中。从现实世界出发，经过数字成像，系统通过影像数据和传感器数据对三维世界进行感知理解，同时得到对三维交互的理解，目的是获知需要增强的内容。一旦系统知道了要增强的内容和位置，就可以进行虚实结合，这一般是通过渲染模块完成的。最后，合成的视频被传递到用户视觉系统中，实现增强现实的效果。

微课2

增强现实技术的原理

增强现实技术不仅展现了现实世界信息，而且同时显示出虚拟信息，两种信息相互补充、叠加。在视觉化的增强现实中，用户通过头盔显示器，可以看到现实世界与计算机图形重合在一起，完美融合。

增强现实技术包含多媒体、三维建模、实时视频显示及控制、多传感器融合、实时跟踪及注册、场景融合等技术与手段。增强现实技术可以提供人类在一般情况下无法感知的信息。

### 1.1.2 增强现实技术的特点

增强现实技术有几个突出的特点：可实现现实世界信息和虚拟信息的合成，简称虚实融合；可实现实时交互；可在三维空间中定位虚拟物体，也称三维配准。正是因为具有以上3个技术特点，增强现实技术可以应用于许多领域，如娱乐、教育和医疗等。接下来将从这3个技术特点出发对增强现实技术进行详细介绍。

#### 1. 虚实融合

增强现实技术利用计算机图形技术生成虚拟信息，并借助传感技术将虚拟信息准确"放置"在现实世界中，而虚拟物体出现的时间或位置与现实世界对应的物体保持一致，再通过显示设备将虚拟信息与现实世界融为一体，呈现给用户一个虚实结合的环境。

虚实融合还要考虑到几何和光照问题，因为虚拟物体与现实物体有比较明显的区别。要解决几何问题就要使虚拟物体的模型精度比较高，使显示出的模型效果与真实物体接近。同时，虚拟物体与现实物体应该具备一定的遮挡关系。由于当前计算机图形技术的局限性，生成的虚拟物体不可能与现实物体完全一致，只能在一定的分辨率下利用抗锯齿（Anti-Aliasing）和曲面细分（Tessellation）等技术使虚拟物体尽可能逼真。现实物体具有眩光、透明、折射、反射和阴影等效果，要解决光照问题，实现完美的虚实融合，就需要利用计算机图形技术中的光照算法（如全局光照算法和局部光照算法等）生成虚拟的光影效果。

#### 2. 实时交互

增强现实技术的目标是使虚拟世界与现实世界同步，用户在体验过程中可结合虚拟画面进行实时交互，在现实世界中感受到来自虚拟世界的物体，从而增强用户的体验。

基于增强现实技术的地图App就是一个很好的例子，用户可以通过手机屏幕看到现实世界中叠加了各种信息，这些信息会根据用户的操作和移动改变。其中的交互就是将地图信息放入现实世界中引导用户。

增强信息不再作为独立的部分存在，而是同当前的用户活动融为一体。用户与增强现实系统的交互通常会用到键盘、鼠标、触摸设备（如触摸屏、触摸笔）和麦克风等硬件。随着科技的发展，近年来出现了一些基于手势和体感的交互方式，如数据手套和动作捕捉仪等。

### 3. 三维配准

三维配准的目的是保持虚拟物体在现实世界中的存在性和连续性。随着设备的移动，显示器中会相应呈现不同的内容，即设备会根据用户在三维空间的运动调整计算机产生的增强信息。当用户移动或转动头部时，增强现实系统会借助三维配准来监测和估计设备的位置和姿态变化。三维配准可以实现实时为计算机在现实世界中的某个位置添加增强信息，以确保增强信息能实时显示在显示器的正确位置。

为了实现虚拟信息和现实世界的融合，首先要将虚拟信息正确地定位在现实世界中并实时地显示出来，这个定位过程被称为三维注册。增强现实技术中的三维注册技术可以分为3类：第一类是基于传感器的注册技术，这类技术无须使用复杂的算法来获取虚拟信息显示的位置，而是通过GPS、加速度传感器、电子指南针和电子陀螺仪等硬件设备得到位置信息；第二类是基于计算机视觉的注册技术，这类技术使用计算机视觉算法，通过对现实世界中的物体图像或者特别设计的标志物进行图像识别和分析来获取位置信息；第三类是综合使用传感器和计算机视觉的注册技术，这类技术结合了前两类注册技术的优点，可以实现更可靠、更准确的注册过程。

## 1.1.3 增强现实系统

### 1. 基于计算机显示器增强现实系统

将摄像机获取的现实世界图像输入计算机中，与计算机图形系统产生的虚拟信息合成，并将合成结果输出到计算机显示器，用户从计算机显示器上看到最终的增强场景图像，如图1-1所示，这是一套最简单的增强现实实现方案。由于这套方案对硬件的要求很低，因此被实验室中的增强现实系统研究者大量采用。

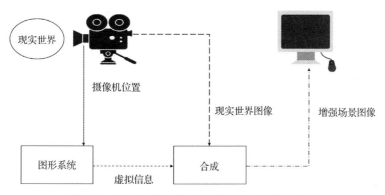

图1-1 基于计算机显示器增强现实系统示意图

### 2. 光学透视式增强现实系统

光学透视头盔显示器具有特殊的半透半反光学系统，可像帽子一样戴在头部，覆盖的范围很大。在视觉呈现方面，呈现部分为透视状态，将现实世界的光线直接透射给人眼，同时虚拟图像通过反射光路进入人眼，这样可以使用户不会对现实世界产生遮挡或扭曲感，它能够提供高分辨率的虚拟信息显示。虚拟信息的分辨率取决于投影器件的分辨率，而现实世界的分辨率则取决于人眼自身分辨率。因此，通过这种光学透视方式，人眼接收到的现实世界是绝对真实、没有加工过的，而虚拟信息则以投影器件的分辨率进行显示，这种方式更加真实、自然，如图1-2所示。微软的HoloLens和谷歌眼镜利用的就是光学透视式增强现实系统原理，谷歌眼镜的镜片是透明的，跟普通眼镜一样，但用户戴上谷歌眼镜后看到的现实世界会与虚拟信息合成。光学透视式增强现实系统能够显示几乎完整的现实世界，但其虚实融合的精确度不如视频透视式增强现实系统。其最大的优势在于舒适度较高，视野范围广，用户不易头晕，能直接看到现实世界等。而其不完善的地方在于对增强现实系统的实时响应性能要求很高，如果达不到实时响应便会产生因更新速度不够快或虚拟图像绘制不够快而导致的虚拟世界与现实世界不同步现象，影响用户体验。

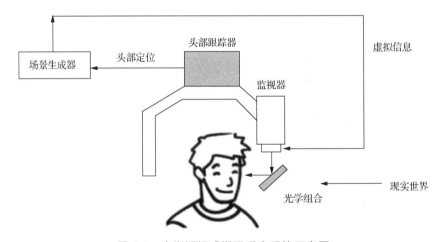

图1-2 光学透视式增强现实系统示意图

### 3. 视频透视式增强现实系统

视频透视式增强现实系统带有一个或两个摄像头，大多采用基于视频合成技术的穿透式头盔显示器，和光学透视式增强现实系统的原理类似，先使用摄像头获取现实世界的图像，然后根据摄像头位置进行虚拟信息的叠加，此时虚拟信息会直接渲染到原有视频流的上层，覆盖原有的信息。在拍摄现实世界的过程中，视频与虚拟信息经过场景合成器和视频合成器的处理后，便会直达监视器让用户看到，如图1-3所示。用户对外部环境只能间接感受，因为装置上的摄像头会遮挡视线，把用户与外部环境完全分隔开来。虽然它成本比较低，但不足的方面显而易见，不仅舒适度不如光学透视式增强现实系统，而且视野范围也比较小。

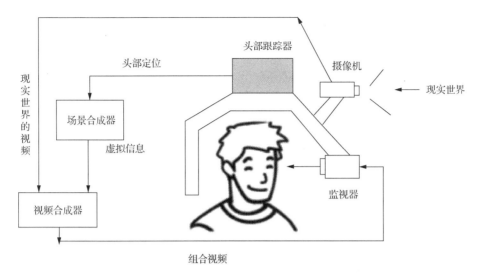

图 1-3 视频透视式增强现实系统示意图

### 1.1.4 增强现实技术与虚拟现实技术的区别

虚拟现实（Virtual Reality，VR）技术和增强现实技术都是目前较新的计算机技术。一般认为，增强现实技术的出现源于虚拟现实技术的发展，但二者存在明显的差别。虚拟现实技术可以实现使用户在虚拟世界中完全沉浸的效果，场景和人物全是假的、脱离现实的，理想状态下，用户是感知不到现实世界的；而增强现实技术将虚拟和现实结合，用户看到的场景和人物一部分是真的、一部分是假的，是把虚拟信息带入现实世界中，通过虚拟信息来增强用户对现实世界的感知。

增强现实设备更多地用于用户与虚拟场景的互动，用得比较多的是：头盔显示器、位置追踪器、数据手套（5DT 之类的）、动捕系统、数据头盔等。增强现实是现实世界与虚拟信息的结合，通过摄像头捕捉现实世界中的事物，结合虚拟画面进行展示和互动，所以基本都要用到摄像头。现在的智能手机只要安装增强现实软件也可以作为增强现实设备使用。

## 1.2 增强现实技术的发展历程

### 1. 第一台增强现实设备

计算机图形学之父和增强现实之父伊凡·苏泽兰（Ivan Sutherland）在 1966 年开发出了第一套增强现实系统，是人类实现的第一个增强现实设备，被命名为达摩克利斯之剑（Sword of Damocles），同时也是第一套虚拟现实系统。该设备使用一个光学透视头盔显示器，同时配有两个 6 自由度追踪器，一个是机械式，另一个是超声波式，头盔显示器由其中之一进行追踪。受制于当时计算机的处理能力，该设备将显示设备放置在用户头顶的天花板上,并通过连接杆和头戴设备相连,能够将简单线框图转换为具有 3D 效果的图像,如图 1-4 所示。

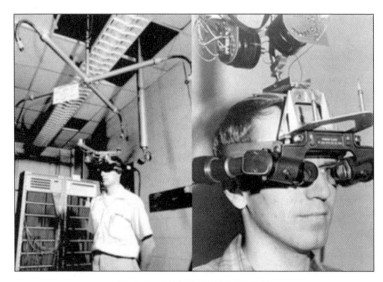

图 1-4　达摩克利斯之剑设备

当时技术并不发达,制作出来的头盔显示器非常笨重,如果直接佩戴会因为重量导致使用者断颈身亡,所以从头顶悬挂下来以减轻一定的重量。从某种程度上讲,苏泽兰发明的这个增强现实头盔和现在的一些增强现实产品有着惊人的相似之处。当时的增强现实头盔除了无法实现娱乐功能以外,其他技术原理和现在的增强现实头盔没有什么本质区别。

虽然这款设备被业界认为是虚拟现实和增强现实发展历程中里程碑式的作品,但在当时除了得到大量科幻迷的热捧外,并没有引起很大轰动。笨重的外表和粗糙的图像系统都大大限制了这款设备在普通消费者群体里的发展。

### 2. 增强现实名称的正式诞生

1992 年,增强现实这一术语正式诞生。波音公司的研究人员汤姆·考德尔(Tom Caudell)和他的同事都在开发头盔显示系统,以使工程师能够使用叠加在电路板上的数字化增强现实图解来组装电路板上的复杂电线束。由于他们虚拟化了布线图,因此极大地简化了之前使用的大量不灵便的印刷电路板的系统。

汤姆·考德尔和大卫·米泽尔(David Mizell)在论文 *Augmented reality:an application of heads-up display technology to manual manufacturing processes* 中首次使用了增强现实这个词,文中的增强现实用来描述将计算机呈现的元素覆盖在现实世界上这一技术。他们讨论了增强现实相较于虚拟现实的优点,例如,由于需要计算机呈现的元素相对较少,因此对处理能力的要求也较低。同时他们也知道为了使虚拟世界和现实世界更好地结合,对增强现实的定位技术的要求在不断提高。

同年，两个早期的增强现实原型系统 VirtualFixtures 虚拟帮助系统和 KARMA 机械师修理帮助系统，分别由美国的路易斯·罗森伯格（Louis Rosenberg）和哥伦比亚大学提出。

路易斯·罗森伯格在美国的阿姆斯特朗实验室中，开发出了 VirtualFixtures 虚拟帮助系统，这个设备可以实现对机器的远程操作。随后他将研究方向转向增强现实技术，包括如何将虚拟图像叠加至现实世界画面中等各项研究，这也是当时增强现实技术讨论的热点。从这时开始，增强现实和虚拟现实的发展道路便分开了。

KARMA（Knowledge-based Augmented Reality for Maintenance Assistance）是由哥伦比亚大学计算机图形和交互实验室开发的一个基于知识的增强现实维修辅助系统。该系统旨在通过增强现实技术提高维修任务的效率和准确性，特别是针对复杂的机械设备，如激光打印机等。

### 3．增强现实技术的首次表演

1994 年，增强现实技术首次在艺术上得到发挥。艺术家朱莉·马丁（Julie Martin）设计了一出叫作赛博空间之舞（Dancing in Cyberspace）的表演。舞者是现实存在的，舞者会与投影到舞台上的虚拟内容进行交互，在虚拟的环境和物体之间起舞，这是对增强现实概念非常到位的诠释。

### 4．增强现实定义的确定

1997 年，罗纳德·阿祖马（Ronald Azuma）发布了第一个关于增强现实的报告。在该报告中，他提出了一个已被广泛接受的增强现实的定义，这个定义包含 3 个特征：将虚拟和现实结合、实时互动、基于三维的配准（又称注册、匹配或对准）。20 多年过去了，增强现实已经有了长足的发展，系统实现的重心和难点也在变化，但是这 3 个特征仍是增强现实系统不可或缺的。

哥伦比亚大学的史蒂夫·芬纳（Steve Feiner）等人发布的游览机器（Touring Machine）是第一个室外移动增强现实系统。这套系统包括一个带有完整方向追踪器的透视头盔显示器，一个捆绑了计算机、DGPS 和用于无线网络访问的数字无线电的背包，以及一台配有光笔和触控界面的手持式计算机。

### 5．增强现实技术第一次用于电视直播

1998 年，体育转播图文包装和运动数据追踪领域的领先公司 Sportvision 开发了 1st & Ten 系统。在橄榄球比赛实况直播中，该系统首次实现了"第一次进攻"黄色线在电视屏幕上的可视化。该系统是针对冰球运动开发的，其中的蓝色光晕被用来标记冰球所处的位置，这个应用在当时并没有被普通观众接受。

现在我们每次看游泳比赛时，每条泳道会显示出选手的名字、排名等信息，这就应用了增强现实技术。

### 6．带来 App 革命的第一个增强现实 SDK

1999 年，奈良先端科学技术学院（Nara Institute of Science and Technology）的加藤弘一（Hirokazu Kato）教授和马克·比林赫斯特（Mark Billinghurst）共同开发了第一个增强现实开源框架 ARToolKit。ARToolKit 基于 GPL 开源协议发布，是一个 6 自由度姿势追踪库，使用直角基准和基于模板的方法来进行物体识别和追踪。ARToolKit 的出现使得增强现实技术不再局限于专业的研究机构之中，许多普通程序员也可以利用 ARToolKit 开发自己的增强现实应用程序。早期的 ARToolKit 可以识别和追踪一个黑白的标记，并在黑白的标记上显示 3D 图像。

2005 年，ARToolKit 与软件开发工具包（Software Development Kit，SDK）结合，可以为早期的塞班智能手机提供服务。开发者通过 SDK 启用 ARToolKit 的视频跟踪功能，可以实时计算出手机摄像头与真实环境中特定标志之间的相对方位，这种技术被看作增强现实技术的一场革命。目前在 Andriod 和 iOS 设备中，ARToolKit 仍有应用。

德国联邦教育和研究部在 1999 年启动了一项投资金额为 2100 万欧元的工业增强现实项目，名为 ARVIKA，用于与工业 AR 相关的开发、生产和服务。来自工业和学术界的 20 多个研究小组致力于开发用于工业生产的增强现实系统。该项目提高了全球专业领域对增强现实的认识，也催生了许多类似的项目，这是增强现实首次大规模服务于工业生产。

### 7．第一款增强现实游戏

2000 年，布鲁斯·托马斯（Bruce Thomas）等人发布 ARQuake，这是当时流行的计算机游戏 *Quake*（《雷神之锤》）的扩展。ARQuake 是一个基于 6 自由度追踪系统的第一人称应用，这个追踪系统使用了 GPS、数字罗盘和基于标记的视觉追踪系统。使用者需要背着一个穿戴式计算机的背包、一台头盔显示器和一个只有两个按钮的输入器。这款游戏在室内或室外都能进行，一般游戏中的鼠标和键盘操作由使用者在实际环境中的活动和简单输入界面代替。

### 8．可扫万物的增强现实浏览器

2001 年，第一个增强现实浏览器 RWWW 问世，它是一个作为互联网入口界面的移动增强现实程序。这套系统起初受制于当时笨重的增强现实硬件，需要一个头盔显示器和一套复杂的追踪设备。2008 年，Wikitude 在手机上实现了类似的设想。

### 9．平面媒体杂志首次应用增强现实技术

当把 2009 年 12 月这一期的 *Esquire* 杂志的封面对准笔记本电脑的摄像头时，封面上的罗伯特·唐尼（Robert Downey）就会跳出来和你聊天，并开始推荐自己即将上映的

电影《大侦探福尔摩斯》。这是平面媒体第一次尝试增强现实技术，期望通过这个技术让更多人重新开始购买纸媒。

### 10. 谷歌眼镜来了

2012年4月，谷歌公司宣布开发增强现实眼镜项目。这种增强现实的头戴式设备将智能手机中的信息投射到用户眼前，用户通过该设备可直接进行通信。当然，谷歌眼镜并没有带来增强现实技术的变革，但其重新引起了公众对增强现实技术的兴趣。

### 11. 专注增强现实解决方案的幻实科技成立

深圳市幻实科技有限公司（简称幻实科技）是一家为企业和普通消费者提供增强现实解决方案的高科技公司，致力于增强现实技术的研究和应用，公司的增强现实产品和项目涉及玩具、教育、影视娱乐、广告传媒、婚纱摄影、服装、金融、旅游、展览等行业。

幻实科技的主要产品有扫动App、《魔法百科》AR学习卡、AR棒棒涂色、AR魔方、AR地球仪、幻实影像App、AR游戏幻实英雄、AR软件定制等。幻实科技在2015年和腾讯的《洛克王国4》项目合作推出了AR广告宣传活动。

### 12. AR手游 Pokémon GO

*Pokémon GO* 是由任天堂公司、Pokémon公司授权，Niantic公司开发和运营的一款AR手游，如图1-5所示。在这款AR类的宠物养成对战游戏中，玩家可捕捉现实世界中出现的宠物"小精灵"并进行培养、交换以及战斗。

图1-5　AR手游 *Pokémon GO*

市场研究公司App Annie发布的数据显示，AR手游 *Pokémon GO* 只用了63天，就通过iOS和Google Play应用商店在全球赚了5亿美元。2016年9月有关人员在苹果发布会上宣布，*Pokémon GO* 的下载量已超过5亿次，手环Pokémon Go Plus也将推出，届时用户不需要掏出手机就能捕捉"小精灵"。

2015年，微软公司发布了AR头戴式显示器Hololens，在当时被誉为已发布的体验感很好的AR设备。但是它并不便宜，有两个版本，开发版需要3000美元，商业版需要5000美元。

### 13. 神秘 AR 公司 Magic Leap 获得巨额融资

Magic Leap 是 AR 领域著名的创业公司，在 2016 年获得了一轮 7.935 亿美元的融资。该轮融资由阿里巴巴领投，其他投资者还包括华纳兄弟、摩根大通和摩根士丹利投资管理公司。此外，谷歌和高通创投也参与了该轮融资。

Magic Leap 与 Hololens 最大的不同是显示部分的区别。Magic Leap 是用光纤向视网膜直接投射整个数字光场（Digital Lightfield），以此产生所谓的电影级现实（Cinematic Reality）。

### 14. 苹果公司打造最大 AR 开发平台

在 2017 年 6 月 6 日的 WWDC17 大会上，苹果公司宣布在 iOS 11 中带来了全新的增强现实组件 ARKit，该组件适用于 iPhone 和 iPad 平台。从功能上来看，ARKit 展示的功能与谷歌公司早前推出的 Tango 很相似。

ARKit 的 World Tracking 使用的技术名为 visual-inertial odometry（视觉惯性测程法）。使用 iPhone 或 iPad 的摄像头和动作传感器，ARKit 能够在环境中寻找几个点，然后当用户移动设备的时候也能够保持追踪，构造出的虚拟物体会被定在原处，即便用户把设备移开，再次对准原区域时，虚拟物体仍然会在那里。此外，ARKit 还能够寻找环境中的平面，这能够使虚拟物体放在桌上的场景更加逼真。

## 1.3 增强现实技术的应用领域

增强现实技术可以提供专业的开发服务，提供满足客户产品需求的增强现实硬件展示平台，以及交互软件服务内容。增强现实技术的具体应用领域主要有以下几个。

微课 3
增强现实技术
的应用领域

#### 1. 医学领域

近年来，增强现实技术越来越多地应用于医学教育、病患分析及临床治疗中，微创手术越来越多地借助增强现实技术来减轻病人的痛苦、降低手术成本及风险。此外，在医疗教学中，增强现实技术的应用使深奥难懂的医学理论变得形象、浅显易懂，大大提高了教学效率和质量。

应用增强现实手术导航技术，医生可以在手术之前，根据患病部位的 3D 图像确定完善的手术计划；在手术过程中，可以根据病灶的实际位置确定刀口的大小，最大程度地减小刀口。采用相关的手术导航器械，医生能在系统中建立位置精确的 3D 模型，从而避免伤及病灶周围的重要组织血管及神经，设计出安全的手术流程，也可以在手术过程中进行实时监控，如图 1-6 所示，判断手术是否达到预期目标，从而降低手术风险以及难度，提高手术成功率，缩短手术时间。

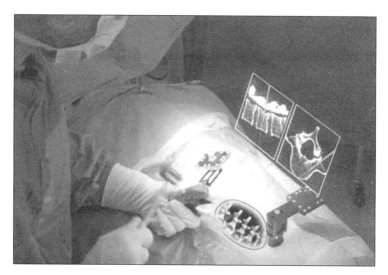

图 1-6　AR 医学应用

## 2. 军事领域

近年来，一些国家的军队开发了"战场增强现实系统"，包括可穿戴增强现实系统和三维交互指挥环境。战场增强现实系统实现了指挥中心与各作战人员之间的信息传输，可以满足未来城市对军事和非军事用途的需求。在作战中，增强现实系统提供对个体环境定位和协同信息的支持，以提升指挥和作战人员的效能。增强现实技术在战场增强现实系统中的应用，可以让指挥员实时掌握各作战单元的情况，有利于指挥员迅速做出明智的决策。应用战场增强现实系统，各级指挥员能够同时观看、讨论、交互互动，实现跨战场的高度信息共享，如图 1-7 所示。

图 1-7　AR 军事应用

### 3. 儿童教育领域

增强现实技术以其丰富的互动性为儿童教育产品的开发注入了新的活力，儿童的特点是活泼好动，运用增强现实技术开发的教育产品适合儿童的生理和心理特性，如图1-8所示的AR书籍。对于低龄儿童来说，文字描述过于抽象，而文字结合动态立体影像会让这些儿童快速掌握新的知识，丰富的交互方式也符合他们活泼好动的特性，提高了他们的学习积极性。在学龄教育中，增强现实技术也发挥着越来越多的作用，如一些危险的化学实验、深奥难懂的数学和物理原理都可以通过增强现实技术使学生快速掌握。

图1-8　AR书籍

增强现实技术可以通过创建虚拟环境和交互式模拟来弥补孤独症儿童在现实世界中信息接收和社交互动的不足。这项技术创造了更具亲和力、动态性和自然性的学习环境，能够更好地吸引孤独症儿童的注意力和提供个性化的教学体验。通过增强现实技术，教育者可以创建情景和场景，并将虚拟对象和信息与现实世界相结合，向孤独症儿童提供更具参与性的学习体验。这种情景式学习可以帮助孤独症儿童建立联想和理解能力，培养社交和沟通技巧，并在安全和支持性的环境中提供反馈和指导。

### 4. 娱乐领域

增强现实技术可以应用于各种游戏、电影和电视特效的制作，以及电视直播等活动中。增强现实技术在影视特效制作方面的贡献是得到了行业肯定的，逼真的虚拟场景制作、动物构建及互动，让人陷入深思——这怕是真的吧？增强现实技术在影视方面的应用，省去了成本支出较高的后期制作，独立制作的增强现实特效还可以被反复利用。

在直播领域，通过将增强现实特效与现场直播画面实时叠加，可为屏幕前的观众带来更加生动、震撼的视觉体验，增强现实特效现已被广泛应用于大型赛事与晚会直播当中。2022年，央视春晚上的舞蹈《只此青绿》惊艳绝伦。节目里，身穿青绿色服装的舞者旋转舞动，最让人拍案叫绝的是有着超高难度的"青绿腰"——舞者长袖甩出，上半身后仰，与地面近乎平行，仿佛飘浮在半空。最后加入的增强现实特效，也是整支舞蹈的一个亮点,如图 1-9 所示,前景加上隐约的《千里江山图》,仿佛舞者走入了《千里江山图》之中,成为画中人,这一幕给观众带来了一种如梦如幻的视觉震撼,同时也给整个表演画上了完美句号。

图 1-9　AR 直播

### 5. 机械制造与维修领域

增强现实技术在复杂机械、仪器的组装及维护方面发挥着很重要的作用,主要通过在实际设备中加入各类维修辅助信息,指导维修人员逐步实施维修,准确定位不能直接维修的部位,并将其可视化,使维修人员无须拆卸即可看到这些部位,如图 1-10 所示。模拟检测维修,不仅可以帮助维修人员快速熟悉和掌握各种设备的维修技术,还可以保证整个维修过程的标准化。

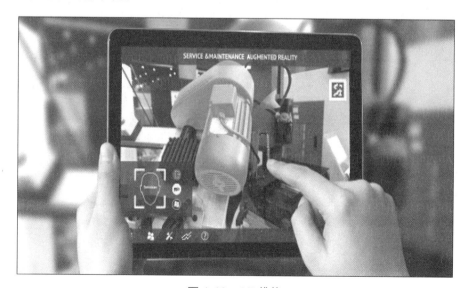

图 1-10　AR 维修

### 6. 旅游、展览领域

人们在旅游、看展时，通过增强现实技术可以接收到沿途建筑、展品的相关资料。传统的博物馆一般采取文物展示及导览图的方式引导游客在展区游览，但是这样始终难以突破二维的局限。大多数游客盲目地跟随展区设置的线路游览，隔着玻璃罩走马观花地观看博物馆中的展品。部分博物馆缺乏基础场景或对场景的还原，如故宫博物院也不具备第一手的挖掘现场场景，想让游客在这里产生身临其境之感实在是困难重重。自然博物馆中的史前动物展区更是如此，冷冰冰的化石被放置在展厅中，游客只能隔着巨大的玻璃感叹一下史前动物躯体之庞大，并未留下深刻的印象。增强现实技术的应用与发展为改变这一现象带来了契机。增强现实技术让博物馆的展品"活了过来"，游客可以打开手机扫描文物，在屏幕中即可看到相应文物的详细信息，如图1-11所示。这样，游客不再是被动地观看，而是全身心地感知历史与文化，这种方式增加了游客与展品之间的互动，能够更加有效地达到传播知识的目的。

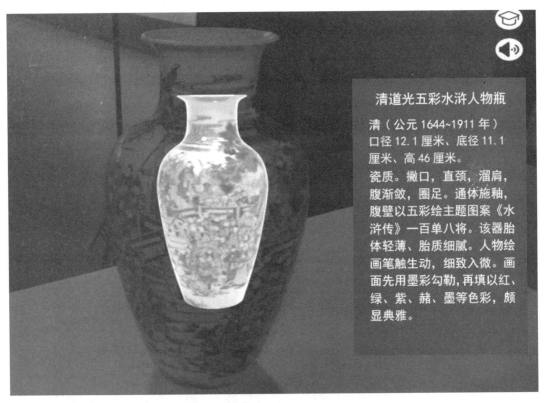

图 1-11　AR 展览

### 7. 营销领域

在营销领域中，增强现实技术与营销相结合产生的增强现实营销已成为当前非常流行的营销手段。因其具有较强的互动性与趣味性，越来越多的商家开始选择将增强现实营销作为主要推广方式。

2016年春节期间，支付宝推出的增强现实扫福活动，不仅吸引了大量用户使用支付宝，同时也为用户营造了良好的社交氛围。如今，支付宝又在增强现实扫福字（获得福卡）的基础上推出各种新的玩法，在提高支付宝用户活跃度的同时，又联手其他企业进行了一系列的营销活动，可谓是增强现实营销的典范。

增强现实技术可在不同场景中为人们提供具有实时性、交互性、虚实结合等特点的全新解决方案。它不仅能为用户带来更好的体验，而且对企业来说，还能降本增效、提升产品竞争力及品牌影响力。未来，随着5G网络的发展与增强现实产品的普及，增强现实技术将会在更多应用场景中展现价值，为新时代的发展注入新的活力。

## 1.4 增强现实开发平台

增强现实技术正在改变人们观察世界的方式，至少是看世界的方式。随着 *Pokémon GO* 的成功，增强现实技术逐渐成为主流，而不只是科幻影片采用的技术。各个行业都在采用增强现实技术来提高效率、简化运营工作、提高生产力和提升客户满意度。下面介绍几个优秀的增强现实开发平台，这些平台可以帮助开发人员实现复杂的功能，其中每个增强现实框架都有自己的特定功能。

### 1.4.1 EasyAR

EasyAR 是 Easy Augmented Reality 的缩写，是视辰信息科技（上海）有限公司中增强现实解决方案系列的子品牌，其意义是，让增强现实技术变得简单、易实施，让客户能将该技术广泛应用到广告、展馆、活动、App 等之中。EasyAR 支持 C、C++、Java 和 Objective-C 编程语言，支持平面图片识别、二维码识别，可以跟踪不同形状或结构的目标物体，对 3D 物体的物理尺寸没有严格限制，可以同时识别多个物体。

EasyAR 支持的平台：iOS、Android、Windows 和 macOS 等。

### 1.4.2 Vuforia

Vuforia 是美国参数公司旗下一个用于创建增强现实应用程序的增强现实开发平台。开发人员可以轻松地为任何应用程序添加先进的计算机视觉功能，使其能够识别图像和其他对象，或重建现实世界中的环境。无论是构建企业应用程序，以便提供详细步骤的说明和培训，还是创建交互式的营销活动或产品可视化，以及实现购物体验，Vuforia 都具有满足这些需求的功能。

Vuforia 是领先的增强现实开发平台，提供了一流的计算机视觉体验，可以确保提供在各种环境中的可靠体验。Vuforia 被认为是全球应用最广泛的增强现实开发平台之一，它是一款广受支持的增强现实开发平台,已经建立了庞大的全球生态系统。Vuforia 为开发者提供了丰富的选择,可以利用各种各样的元素来增强应用程序的功能和用户体验。通过 Vuforia,应用程序可以选择识别和跟踪多种元素,包括对象、用户定义的图像、圆柱体、文本、盒子等。这些元素提供了各种增强现实技术的应用场景。另外,Vuforia 还提供了 VuMark 功能,它是一种可定制和品牌意识设计的标识符,可以识别和跟踪物理产品或对象。其 Smart Terrain 功能可以为实时重建地形的智能手机和平板电脑创建环境的 3D 几何图。

可以使用 Android Studio、XCode、Visual Studio 和 Unity 构建 Vuforia 应用程序。Vuforia 目前的最新版本,支持微软公司的 Hololens、谷歌公司的 Tango 传感器设备,以及 Vuzix M300 智能眼镜等。

Vuforia 支持的平台:Android、iOS、UWP 和 Unity Editor。

### 1.4.3　ARToolKit

ARToolKit 是一个免费的开源 SDK,允许开发者全面访问其先进的计算机视觉算法,以及自主修改源代码以适应自己的特定应用。ARToolKit 免费分发,基于 LGPL v3.0 许可证。ARToolKit6 是一款快速而现代化的开源跟踪和识别 SDK,可让计算机查看和了解周围环境中的信息。它使用了现代计算机视觉技术,以及 DAQRI 内部开发的分钟编码标准和新技术。ARToolKit 6 采用了免费和开源许可证发布,允许 AR 社区将其用于商业产品,以及研究、教育和业余爱好者开发。

ARToolKit 支持的平台:Android、iOS、Linux、Windows、macOS 和智能眼镜。

### 1.4.4　Kudan

Kudan 提供了富有创造性的、先进的计算机视觉技术,以及可用于 AR/VR、机器人和人工智能(Artificial Intelligence,AI)等领域的即时定位与地图构建(Simultaneous Localization and Mapping,SLAM)技术。Kudan SDK 平台可用于 iOS 和 Android 的高级跟踪 Markerless AR 引擎。Kudan 提供了图像识别、低内存占用、闪电般的开发速度和无限数量的标记。

Kudan 正在开发与空间感知、物联网(Internet of Things,IoT)和人工智能之间的联系,特别是在 3D 识别和计算机视觉技术方面。计算机视觉技术使计算机能够获取、处理、分析和理解数字图像,并能够感知和理解其周围的 3D 环境、对象及它们的位置和姿态。Kudan SDK 是 Kudan 公司为其开发者社区提供的一个开发工具包。这个工具包可以帮助开发者更轻松地利用 Kudan 的先进计算机视觉和 SLAM 技术来构建高质量的应用程序。

Kudan SDK 的特征:不依赖服务器/云,实时输出结果,可以在没有网络连接的情况下使用；相机/传感器不可知，支持单声道、立体声、相机、深度传感器等；稳固的操作，无抖动的图像，出色的黑暗环境性能；适用于 iOS 和 Android 本机以及 Unity 跨平台游戏开发引擎。

Kudan 支持的平台：Android、iOS。

## 【单元任务】

知识目标：了解 AR 地图。

技能目标：查阅资料自主获取知识，了解 AR 地图的作用。

素养目标：领略我国古代灿烂的文化艺术。

## 1.5 AR 作品赏析

华为 AR 地图（Cyberverse）技术是融合 3D 高精地图能力、空间计算能力、强环境理解能力和超逼真的虚实融合渲染能力的技术平台，在端管云融合的 5G 架构下，将提供地球级虚实融合世界的构建与服务能力。可以说，华为 AR 地图的出现，让"历史"这个名词变为了动词，轻轻按一下就能穿越千年历史。千百年来，人类一直孜孜不倦地追求科技进步，如果说摄影是人们借助影像承载记忆的发明，那么，华为 AR 地图的到来，可以让人们以全新的角度来观察这个世界，开启一个"虚实融合新世界"。

华为携手敦煌研究院联合发起全球首个 AR 世界文化遗产平台。敦煌研究院党委书记赵声良称："20 多年前，为了更好地保存敦煌图像，我们开始数字敦煌项目。数字化不仅可以保存大量的敦煌文化信息，同时也可以把敦煌资料通过网络等手段传播到全世界。因此，我们不断探索用新的技术手段来宣传敦煌艺术。2019 年 3 月以来，我们跟华为 AR 地图合作，采用厘米级 3D 地图、高精度空间计算、AI 3D 物体识别、虚实光影追踪等技术来解析敦煌文化。用户在莫高窟可以利用华为 AR 地图体验到全新的实景导引讲解、洞窟虚拟穿越、AR 拍摄等。这不仅达到了保护洞窟文物的目的，而且增加了观众获得的信息量。达到了文物保护与开放利用的平衡，也探索出一个弘扬敦煌艺术新的途径。"

以敦煌学研究与价值挖掘为支撑，华为 AR 地图将莫高窟虚拟数字内容与真实的物理世界实时融合在一起，实现了景区的实景导引讲解。还创造了一种全新的洞窟数字体验形式——高清洞窟虚拟穿越体验。利用数字敦煌高精度壁画图像和洞窟三维模型，借助华为 AR 地图，参观者在现场虚拟参观时，如同参观真实洞窟一样，看到精美数字内容与专业的全息讲解。另外，九色鹿、飞天等大家熟悉的敦煌文化符号，通过华为 AR 地图，都能栩栩如生地走到游客中间（见图 1-12 和图 1-13），跟游客近距离互动，拍照合影。

图 1-12　华为 AR 地图之敦煌

图 1-13　华为 AR 地图之九色鹿

突破时空的科幻梦想，华为将高精地图与 AR 相结合，又为高精地图赛道描绘了新的想象空间。可以预见，一个由数字技术构建的虚实融合新世界正在向我们走来，它将改变我们的世界观和生活观，让我们穿透历史，触摸未来！

随着 AR 地图的建设与推进，一种与真实世界关联的、全新的、虚实融合的交互与视觉体验将出现在用户面前，必将对未来手机的交互与体验产生巨大的影响，华为将和合作伙伴一起，开启数字新世界，把数字世界带给每个人、每个家庭、每个组织，构建万物互联的智能世界。

## 【单元小结】

本单元主要对增强现实技术的相关知识进行了概述，包括增强现实技术的概念、原理、特点等内容，并对增强现实技术的应用领域、开发平台进行了介绍。另外，还回顾了增强现实技术的发展历程，叙述了增强现实技术与虚拟现实技术之间的区别。可以看出，增强现实技术的优势不仅在游戏娱乐方面，它还可以满足有实际需求的专业应用，这些应用看起来更加贴近现实。当然，增强现实技术的普及需要克服很多技术壁垒，相信未来增强现实技术将对人们的生产方式和社会生活产生巨大影响。

## 【单元习题】

1. 概述增强现实技术的特点。
2. 概述增强现实技术与虚拟现实技术的区别。
3. 概述增强现实技术的发展历程。
4. 概述增强现实技术的应用领域。
5. 简要概述增强现实技术的发展前景。

# 单元 ❷  Unity 基础

【教学导航】

Unity（也称 Unity3D）是由 Unity Technologies 公司开发的专业跨平台游戏开发及虚拟现实引擎，其打造了一个完美的跨平台程序开发生态链，用户可以通过它轻松完成各种游戏创意和三维互动开发，也可以通过 Unity 资源商店（Asset Store）分享和下载各种资源。

【支撑知识】

## 2.1 Unity 简介

Unity 是一个让用户轻松创建诸如视频游戏、建筑可视化、实时三维动画等类型互动内容的多平台综合型游戏开发工具，其编辑器可运行在 Windows 和 macOS 平台，可发布游戏至 Windows、Mac、Wii、iPhone、WebGL（需要 HTML5）和 Android 平台。也可以利用 Unity Web Player 插件发布网页游戏，支持 macOS 和 Windows 的网页浏览。与此同时，Unity 公司提出了"大众游戏开发"的口号，使开发人员不再顾虑价格，提供了任何人都可以轻松进行开发的优秀游戏开发引擎。Unity3D 在过去用于指 Unity 游戏引擎的早期版本，但随着时间的推移，Unity3D 在 2020 年改名为 Unity，以更准确地反映其多领域应用的能力。

### 2.1.1 Unity 的发展历程

2004 年，Unity3D 诞生于丹麦。

2005 年，Unity3D 1.0 发布，此版本只能应用于 Mac 平台，主要针对 Web 项目和 VR 的开发。

2008 年，Unity3D 的 Windows 版本推出，并开始支持 iOS，从众多的游戏开发引擎中脱颖而出。

2009 年，Unity3D 进入 2009 年游戏开发引擎的前五名，此时 Unity3D 的注册人数已经达到 3.5 万。

2010 年，Unity3D 开始支持 Android，继续扩张影响力。

2011 年，Unity3D 开始支持 PS3 和 Xbox 360，此时全平台的构建完成。

2012 年，Unity Technologies 公司正式推出 Unity3D 4.0，其中新加入了对 DrietX 11 的支持和 Mecanim 动画系统，以及提供 Linux 和 Adobe Flash Player 的部署预览功能。

2013 年，Unity3D 全球用户超过 150 万，Unity3D 4.0 已经能够支持包括 maxOS、Android、iOS、Windows 在内的多个平台。同时，Unity Technologies 公司宣布，Unity3D 此后将不再支持 Flash 平台，且不再销售针对 Flash 开发者的软件授权。

2014 年，Unity3D 4.6 发布，其更新了屏幕自动旋转等功能。

2016 年，Unity3D 5.4 发布，其专注于新的视觉功能，为开发人员提供的最新的理想实验和原型功能模式，极大地提高了其在 VR 画面展现上的性能。

2017 年，Unity3D 推出 2017 版本，在保证易用性和易拓展性的同时，Unity3D 也朝着更加专业化的方向发展。

2018 年，Unity3D 推出 2018 版本，其中高清晰度渲染管道拥有对着色器可视化编程工具 Shader Graph 的支持，这是 Unity3D 新推出的工具，它允许开发人员用图形方式而不是通过编码构建着色器。高清晰度渲染管道还在体积光效、光滑的平面反射、网格贴图、模型贴花、阴影罩和其他属性方面得到了改进。

2019 年，Unity3D 推出 2019 版本，该版本集成了 ARKit 2.0 和 ARCore 1.5。

2020 年 6 月 15 日，Unity 宣布和腾讯云合作推出 Unity 游戏云，从在线游戏服务、多人联网服务和开发者服务 3 个层次打造一站式联网游戏开发。

2022 年 6 月，微软、Meta、Epic Games 以及其他 33 家公司和组织成立了一个元宇宙标准论坛（Metaverse Standards Forum）。2022 年 11 月，实时工具 Unity HairFX 毛发系统在全球首发并首次参加第五届中国国际进口博览会。

## 2.1.2 Unity 的特点

Unity 之所以被广泛应用，与其完善的技术以及丰富的个性化功能密不可分。Unity 易上手，降低了对游戏开发人员的要求。下面将对 Unity 的特点进行阐述。

### 1. 综合编辑

Unity 简单的用户界面是层级式的综合开发环境，具备视觉化编辑、详细的属性编辑器和动态的游戏预览特性。由于其具有强大的综合性编辑特性，因此也被用来快速地制作游戏或者开发游戏原型，这种特性大大地缩短了游戏开发的周期。

### 2. 图形引擎

Unity 的图形引擎使用的是 Direct3D（Windows）、OpenGL（macOS、Windows）和自有的 APIs（Wii），可以支持 Bump mapping、Reflection mapping、Parallax mapping、Screen Space Ambient Occlusion、动态阴影所使用的 Shadow Map 技术与 Render Texture

和全屏 Post Processing 效果。

### 3．着色器

着色器（Shader）使用 ShaderLab 语言编程，其能够完成三维计算机图形学中的相关计算。Unity 同时支持自有工作流中的编程方式或用 CG、GLSL 编写的 Shader。Unity 提供了丰富的 Shader 库和工具，使开发者可以更加便捷地编写和使用 Shader。同时，Unity 社区中也有大量的开源 Shader 可供参考和使用，这为开发者提供了各种强大的图形效果和渲染技术。

### 4．地形编辑器

Unity 内置强大的地形编辑器，支持创建地形和给树木与植被贴片，支持自动的地形 LOD，而且还支持水面特效，即使是低端硬件亦可流畅运行广阔、茂盛的植被，能够使新手快速、方便地创建出游戏场景中需要用到的各种地形。

### 5．物理引擎

物理引擎是一个计算机程序，可以模拟牛顿力学模型，使用质量、速度和空气阻力等变量来预测各种不同情况下的效果。Unity 内置了 NVIDIA 中强大的 PhysX 物理引擎，用户可以方便、准确地开发出所需要的物理特效。

PhysX 物理引擎可以由 CPU 计算，但其程序本身在设计上还可以通过调用独立的浮点处理器（如 GPU 和 PPU）来计算，也正因为如此，它可以轻松完成像流体力模拟那样大计算量的物理模拟计算。PhysX 物理引擎可以在 Windows、Linux、Xbox 360、macOS、Android 等平台上运行。

### 6．音频和视频

音效系统基于程式库 OpenAL，OpenAL 主要的功能是在来源物体、音效缓冲和收听者物体中编码。来源物体包含一个指向缓冲区的指标，以及声音的速度、位置、方向、强度。收听者物体包含收听者的速度、位置和方向，以及全部声音的整体增益。音效缓冲里包含 8 位或 16 位、单声道或立体声 PCM 格式的音效资料，表现引擎进行的所有必要的计算，如距离衰减、多普勒效应等。

### 7．集成 2D 游戏开发工具

在当今的游戏市场中，2D 游戏仍然占据着很高的市场份额，尤其是对于移动设备（如手机、平板计算机等）来说，2D 游戏仍然是主流。针对这种情况，Unity 在 4.3 版本中正式加入了 Unity2D 游戏开发工具集，并在 Unity 5.3 版本中加强对 2D 游戏开发的支持，增添了许多新的功能。

使用 Unity2D 游戏开发工具集可以非常方便地开发 2D 游戏，利用工具集中的 2D 游戏换帧动画图片的制作工具集可以快速地制作 2D 游戏换帧动画。Unity 为 2D 游戏开发集成了 Box2D 物理引擎并提供了一系列 2D 物理组件，通过这些组件可以非常简单地在 2D 游戏中实现物理特性。

## 2.2 Unity 界面

Unity 是一款"所见即所得"的游戏开发引擎，它提供的各种功能都是通过菜单和不同功能界面来实现的。接下来，将详细介绍 Unity 的重要面板，让读者了解这些面板的基本作用和功能。

### 2.2.1 Unity 的界面布局

当你第一次打开 Unity（本书使用的是 Unity 2018.1.0.f2）时，显示的是默认的界面布局，其中显示了游戏开发中经常使用的面板和其他的功能组件。单击 Layout 按钮，用户可选择不同的布局，如图 2-1 所示。每一种布局都有其特点和使用范围，用户可以根据自己的喜好选择布局。笔者在实际项目开发中习惯用 2 by 3 布局，所以本书将会采用 2 by 3 布局进行开发。

图 2-1　布局

### 2.2.2 Unity 常用面板

#### 1. Project 面板

Project 面板保存了游戏制作所需要的各种资源。常见的资源包括游戏材质、动画、字体、纹理贴图、物理材质、GUI、脚本、预置、着色器、模型、场景文件等，可以将该面板想象成一个工厂中的原料仓库。单击该面板右上角的 按钮，可以根据自己的喜好选择资源的排列方式，这里采用 One Column Layout 排列方式，如图 2-2 所示。由于项目中可能包含成千上万的资源文件，如果逐个查找，很消耗时间和精力，因此用户可以在该面板的搜索栏中输入要搜索的资源的名称。如果用户知道资源类型或标签，也可以通过单击 按钮或 按钮以组合的方式来缩小搜索的范围，如图 2-3 所示。

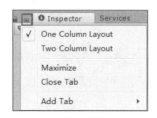

图 2-2　资源排列方式　　　　图 2-3　缩小搜索范围

#### 2．Hierarchy 面板

Hierarchy 面板用于存放在游戏场景中的游戏对象。它显示的是游戏场景中游戏对象的层次结构图。该面板列举的游戏对象与游戏场景中的对象是一一对应的。

新建一个工程时，在 Hierarchy 面板中可以看到默认有 Main Camera（主摄像机）和 Directional Light（平行光）两个对象。当选择 Main Camera 时，Scene 面板的右下角会出现一个预览窗口，这个预览窗口显示的是摄像机当前看到的场景，如图 2-4 所示。

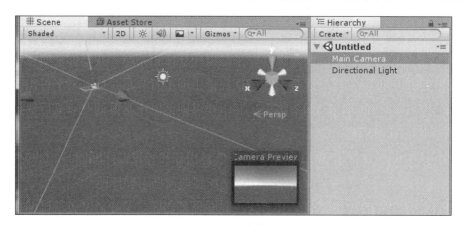

图 2-4　预览窗口

#### 3．Scene 面板

在 Unity 中，游戏的场景编辑都是在 Scene 面板中完成的，在这个面板中，可以通过游戏对象的控制柄来移动、旋转和缩放场景里的游戏对象。打开一个场景之后，该场景中的游戏对象就会显示在 Scene 面板中。

（1）Scene View ControlBar（场景视图控制栏）在 Scene 面板的上方，它可以改变摄像机查看场景的方式，例如绘图模式、2D/3D 场景视图切换、场景光照、场景特效等，如图 2-5 所示。

微课 5

Scene 面板

图 2-5　场景视图控制栏

下面简要介绍场景视图控制栏中的各个选项。

Shaded：提供多种场景渲染模式，默认选项是 Shaded，单击右侧的下拉按钮，可以选择场景的其他渲染模式。选择 Shaded 并不会改变游戏最终的显示方式，它只是改变场景物体在 Scene 面板中的显示方式。

2D：切换 2D 或 3D 场景视图。

※：控制场景中灯光的打开与关闭。

◁)：控制声音的打开与关闭。

▣：控制天空盒、雾效、光源的显示与隐藏。

Gizmos：单击下拉按钮，可以显示或隐藏场景中用到的光源、声音、摄像机等对象的图标。

Q·All：输入需要查找物体的名称，例如输入 Cube1，找到的物体会以彩色显示，而其他物体都会以灰色显示，搜索结果同时会显示在 Hierarchy 面板中。

（2）视图变换控制。Scene 面板的右上角有一个视图变换控制图标，如图 2-6 所示，该图标用于切换场景的视图角度和投影模式，例如自顶往下、自左向右、透视模式、正交模式等。该控制图标有 6 个控制手柄和 1 个位于中心的透视控制手柄，单击 6 个控制手柄中的一个，可以切换视图，而单击中心的立方体或者下方的文字标记可以切换正交模式与透视模式，如图 2-7 和图 2-8 所示。

 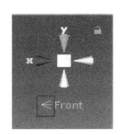 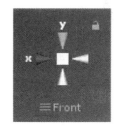

图 2-6　视图变换控制图标　　图 2-7　透视模式　　图 2-8　正交模式

（3）Scene View Navigation（场景视图导航）。使用场景视图导航可以让场景搭建的工作变得更加便捷和高效。场景视图导航主要通过鼠标和键盘来控制。

Arrow Movement（采用键盘方向键实现场景漫游）：单击 Scene 面板，此操作可以激活该面板，按↑键和↓键可以控制场景视图中的摄像机向前和向后移动，按←键和→键可以控制场景视图中的摄像机往左和往右移动。配合 Shift 键，可以加快移动速度。

Focus（聚焦定位）：在场景中或者 Hierarchy 面板中选择某个物体，按 F 键，可以使视图聚焦到该物体上。

移动视图：按住鼠标滚轮，可移动场景视图下的观看位置。

缩放视图：使用 Alt 键+鼠标右键或者直接滑动鼠标滚轮，可以放大或缩小场景视图。

旋转视图：使用 Alt 键+鼠标左键，可以对场景视图进行旋转。

飞行穿越模式：使用 W 键、A 键、S 键、D 键+鼠标右键，可以移动或旋转场景视图，配合鼠标滚轮，可以控制摄像机移动的速度。

（4）场景对象的编辑。Unity 界面的左上角有一排按钮，这排按钮用来对游戏对象进行移动、旋转和缩放操作，如图 2-9 所示。

图 2-9　场景对象编辑按钮

：移动按钮，可以对游戏对象进行平移操作，快捷键是 W 键。

：旋转按钮，可以对游戏对象进行旋转操作，快捷键是 E 键。

：缩放按钮，可以对游戏对象进行缩放操作，快捷键是 R 键。

：缩放按钮，可以对游戏对象进行缩放操作，用于 2D 游戏对象。

：组合按钮，可以对游戏对象进行移动、旋转和缩放操作。

### 4．Game 面板

微课 6

Game 面板

Game 面板用于显示场景最终运行效果。单击界面上方的 按钮即可在 Game 面板中进行游戏的实时预览，方便游戏的调试和开发。Game 面板显示的内容与播放控件有直接的关系，其中，3 个按钮的作用分别如下。

：预览场景，单击该按钮会激活 Game 面板，再次单击则会退出预览模式。

：暂停播放，单击该按钮可暂停场景运行，再次单击该按钮可让场景从暂停的地方继续运行。

：逐帧播放，单击该按钮可逐帧播放场景运行，方便用户查找场景存在的问题。

Game 面板的顶部是 Game View Control Bar（Game 面板控制条），用于控制 Game 面板中显示的属性，例如屏幕显示比例、当前场景运行的参数等，如图 2-10 所示。

图 2-10　Game 面板控制条

：摄像机可以设置当前的 Display 层，使用该按钮，可以在下拉列表中选择、切换 Game 面板显示的是哪个 Display 层。

：用于调整屏幕显示比例，单击三角按钮将弹出显示比例的列表，可以选择常用的屏幕显示比例，也可以自己设定显示比例。使用此功能可以非常方便地模拟游戏在不同显示比例下的显示效果。

：用于整体调节 Game 面板的大小。Game 面板放大后，可以更清楚地看到关注的某部分。

`Maximize On Play`：用于最大化显示场景，单击该按钮，可以在场景运行时将 Game 面板扩大到整个 Unity 界面。

`Mute Audio`：单击该按钮可以开启或关闭场景中的音频。

`Stats`：单击该按钮，弹出的 Statistics 面板里会显示当前运行场景的渲染速度、Draw Call 的数量、帧率、贴图占用的内存等参数。

`Gizmos`：单击该按钮可以让 Scene 面板中的 Gizmos 都显示在 Game 面板中。

### 5. Console 面板

Console 面板用于调试与观察游戏运行状态。如果出现编译等错误，就可以在这个面板中查看错误的位置，方便修改。白色的文本表示普通的调试信息，黄色的文本表示警告信息，红色的文本表示错误信息，Console 面板如图 2-11 所示。

图 2-11　Console 面板

`Clear`：清除控制台中的所有信息。

`Collapse`：合并相同的输出信息。

`Clear on Play`：当游戏开始播放时清除所有原来的输出信息。

`Error Pause`：当脚本出现错误时游戏运行暂停。

## 2.2.3　Inspector 面板

使用 Unity 创作游戏时，游戏场景都是由游戏对象组成的，游戏对象的属性和行为是由添加到该游戏对象上的组件来决定的，Unity 提供了一个用于添加组件和修改组件属性的面板，该面板便是 Inspector。选择某个游戏对象后，Inspector 面板里便会显示已经添加到该游戏对象的组件和这些组件的属性。接下来介绍该面板显示的游戏对象中几个固定的属性和组件，如图 2-12 所示。

图标设置按钮　用于标记不同的对象，可以根据自己的需要进行修改。单击该按钮会出现一个面板，如图 2-13 所示，在该面板中可以修改图标的形状和颜色。

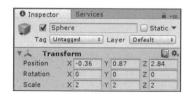

图 2-12　Inspector 面板

图 2-13　图标设置按钮

单击 Other...按钮会出现一个贴图列表面板，可以通过选择或自定义贴图来修改图标。给场景中的立方体和球体添加图标，如图 2-14 所示。

激活复选框☑可以用于控制游戏对象在游戏场景中是否被激活。取消勾选该复选框之后，该物体便不会在场景中显示了，并且其所有的组件都会失效，但该物体仍然保留在场景中。把场景中的球体注销掉，球体就会在场景中隐藏起来，此时 Project 面板中的 Sphere 游戏对象变成灰色，表示该对象被注销了，如图 2-15 所示。

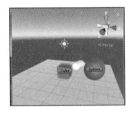
图 2-14 添加图标

图 2-15 注销游戏对象

激活复选框的右侧是一个文本框，可以通过该文本框修改游戏对象的名称。也可以在 Hierarchy 面板中选择对象，按 F2 键来修改游戏对象的名称。把球体改名为 MySphere，如图 2-16 所示。

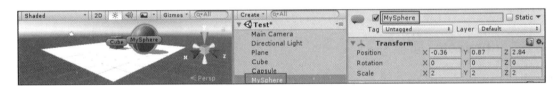
图 2-16 修改游戏对象的名称

状态复选框☐ Static▼用于控制是否把该游戏对象设置成静态物体。对于场景中一些静态的游戏对象，可以把此状态复选框勾选上，一方面可以在一定程度上减少游戏渲染工作量，另一方面，如果要对该场景中的游戏对象进行光照贴图烘焙、寻路数据烘焙等操作，就要把其设置成静态的。

Tag 列表用于为游戏对象加上有意义的标签名称，标签的主要作用是为游戏对象添加一个索引，这样便于在脚本中使用标签寻找场景中添加了该标签的游戏对象。在游戏场景当中，可以为多个游戏对象添加相同的标签，这样以后在编写脚本时，可以直接寻找该标签，找到使用该标签的所有游戏对象。

Layer 列表可以用于设置游戏对象的层，然后令摄像机只拍摄某一层上的游戏对象；或者通过设置层，让物理模拟引擎只对某一层起作用。

Transform 组件是所有游戏对象都具有的组件，即使该游戏对象是一个空的游戏对象。该组件用于设置游戏对象在游戏场景中的 Position（位置）、Rotation（旋转角度）和 Scale（缩放比例）。如果想精确地设置某个游戏对象的变换属性，可以直接在这个组件中修改相应的参数。当一个游戏对象没有父物体时，这些参数是相对于世界坐标系的；当一个游戏对象有父物体时，那么这些参数是相对于父物体的局部坐标系的。

## 【单元任务】

知识目标：Unity 的下载与安装、Asset Store 的使用。

技能目标：合理利用 Asset Store 的资源，节省开发的精力和成本。

素养目标：培养自学能力、钻研能力。

## 2.3 Unity 的下载与安装

微课 7

Unity 的下载与安装

前面对 Unity 进行了全面介绍，为了能够使用 Unity 制作游戏，本节将主要讲解如何从官网下载能够在 Windows 平台运行的 Unity。

### 2.3.1 Unity 的下载

Unity 的下载十分简单，开发人员可根据个人计算机的类型选择安装基于 Windows 平台或 macOS 平台的 Unity。考虑到国内游戏开发者使用的计算机多运行 Windows 系统，因此本小节将集中介绍 Unity 2018.1.0f2 在 Windows 平台的下载。

要下载 Unity 的最新版，可以访问 Unity 官网，如图 2-17 所示。单击下载 Unity 按钮，即可进入 Unity 版本的选择页面，如图 2-18 所示。Unity 分为个人版和专业版，开发人员需要根据自身的需求进行选择。

图 2-17　Unity 官网

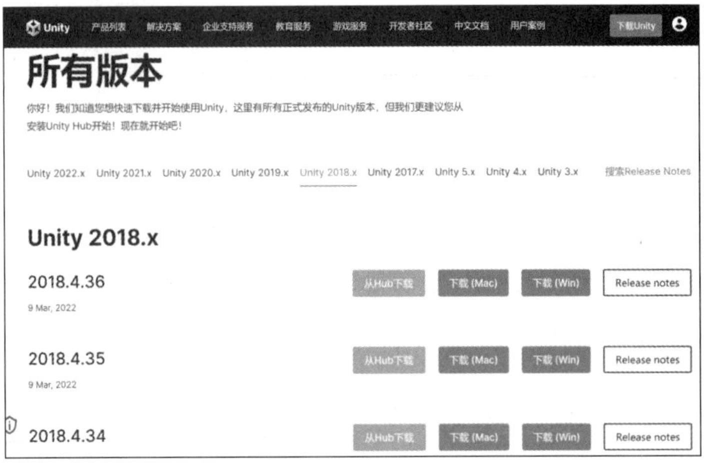

图 2-18 Unity 版本的选择页面

## 2.3.2 Unity 的安装

本小节将集中介绍 Unity 2018.1.0f2 在 Windows 平台下的安装过程，步骤如下。

（1）下载好安装程序之后，双击运行，会弹出安装界面，单击 Next 按钮进入下一个界面。此界面是 Unity 的一些相关条款和声明，如图 2-19 所示。阅读其中的条款和声明，阅读完成后可勾选下方的复选框以表明同意上面所陈述的条款和声明，单击 Next 按钮进入下一个界面。

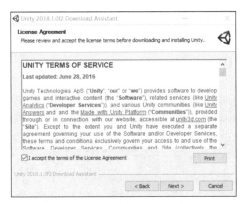

图 2-19 接受 Unity 安装协议

（2）第三个界面用来选择需要下载的文件，如图 2-20 所示。其中包括 Unity 集成开发环境、Web 插件、标准资源包、示例工程等，用户可根据自己的需要自行调整。Unity 2018.1.0.f2 是引擎必备组件，其包括编辑器和 Mono，必须安装；Documentation 是引擎文档离线版，建议安装，以便查询；Standard Assets 标准资源包，包含了角色控制器、AI 导航网格、UI 元素等常用功能，可以为用户节省时间，建议安装；Example Project 提供了完整的、可运行的游戏示例或技术演示，展示了如何使用 Unity 的各种特性。它可以作为学习资源，帮助开发者理解最佳实践以及 Unity 的功能应用；Android Build Support

表示安卓编译平台，需要安装才能发布.apk 文件；Vuforia Augmented Reality Support 为增强现实开发 SDK，安装它才能开发增强现实应用程序。完成后单击 Next 按钮进入下一个界面。

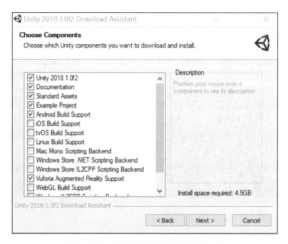

图 2-20　选择需要下载的文件

（3）此界面用来设置文件下载路径和文件安装路径，如图 2-21 所示。在界面的上半部分可以设置文件下载的方式，一种是指定下载路径，另一种是在 Unity 下载和安装完成后，删除所有下载的文件安装包；在界面的下半部分可以设置 Unity 的安装路径。设置完成后单击 Next 按钮。

图 2-21　设置文件下载路径和文件安装路径

（4）进入下一个界面后需要确认是否下载 Microsoft Visual Studio 的相关软件。勾选下面的复选框，单击 Next 按钮进入下一界面。现在只需要等待下载完成即可，根据所选择的文件的数量的不同，下载所需的时间也不同，请耐心等待。下载完成后 Unity 安装器会自动将 Unity 安装到之前设定的路径中。

## 2.4　Asset Store 的使用

Asset Store，即资源商店，可以通过登录官网查看。通过网页打开 Asset Store，如图 2-22 所示。

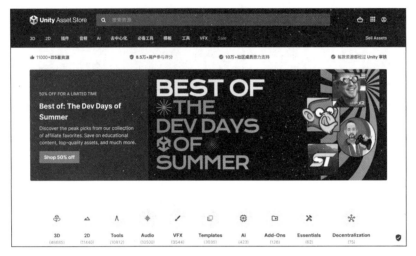

图 2-22　Asset Store

在创建游戏时，利用 Asset Store 中的资源可以节省时间、提高效率，人物模型、动画、粒子特效、纹理、游戏创作工具、音频特效、音乐、可视化编程解决方案、功能脚本和其他各类扩展插件全都能在这里获得。作为一个发布者，你可以在 Asset Store 中出售或者免费提供你的资源，从而在广大 Unity 用户中建立和加强知名度并进一步取得盈利。

值得一提的是，Asset Store 还能为用户提供技术支持服务。Unity 已经和业内一些优秀的在线服务商开展了合作，用户只需下载相关插件，便可获得包括企业级分析、综合支付、增值变现服务等在内的众多解决方案。

随着 Unity 5.x 版本引擎的推出，Asset Store 现已推出英文、日文、韩文、简体中文 4 种语言界面模式，方便全球的 Unity 用户开发与使用。针对 Unity Pro 用户，Asset Store 同时提供 Level11 服务，为专业开发者提供更多的免费与折扣资源。

相信读者对 Asset Store 已经有了基本的了解，下面将结合实际操作来讲解在 Unity 中如何使用 Asset Store 中的相关资源。

（1）在 Unity 中选择菜单栏中的 Window→Asset Store 命令，或直接按 Ctrl+9 组合键打开 Asset Store。

（2）打开 Asset Store 后，首先显示的是主页，在资源分类中依次打开"3D/交通工具/汽车"，价格选免费资源，版本选 Unity2018.x，这样在左侧区域中会显示 Unity 相应资源，如图 2-23 所示，单击其中的 Simple Cars Pack，即可打开 Simple Cars Pack 的详细资源介绍。

图 2-23 在 Asset Store 中选择资源

（3）在 Simple Cars Pack 资源详情界面（见图 2-24），可以查看该游戏对应的分类、发行商、评级、版本号、文件大小、售价和简要介绍等信息，用户还可以预定义该资源的相关图片，并且在 Package Contents 区域浏览资源文件结构等内容。

图 2-24 资源详情界面

（4）在 Simple Cars Pack 资源详情界面，单击下载按钮，即可进行资源的下载。当资源下载完成后，Unity 会自动弹出 Import Unity Package 对话框，对话框的左侧是需要导入的资源文件列表，右侧是资源对应的缩略图，单击 Import 按钮即可将所下载的资源导入当前的 Unity 项目中，如图 2-25 所示。下载的资源默认存储在 C:\Users\Administrator\AppData\Roaming\Unity\Asset Store 中，路径中的 Administrator 是用户计算机的名字，每个人的都不一样，如果你的计算机名字是 Computer，那么资源存储在 C:\Users\Computer\AppData\Roaming\Unity\Asset Store 中。

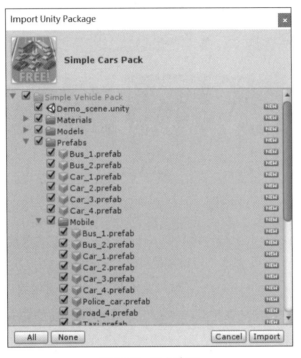

图 2-25　导入资源

（5）资源导入完成后，在 Project 面板中会显示添加的资源，单击 Simple Cars Pack 后，在展开的列表里双击 Demo_scene 图标即可载入该案例，再单击 ▶ 按钮运行这个案例，游戏加载界面如图 2-26 所示。

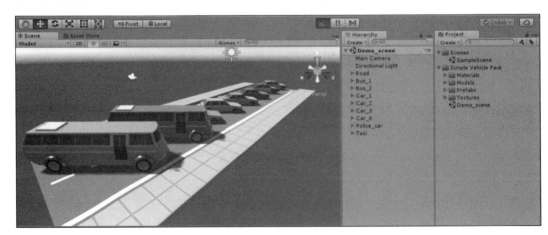

图 2-26　游戏加载界面

以上简单介绍了 Asset Store 的基本应用，对于用户而言，使用大量的优质素材、项目工程、扩展插件等各种资源可以大大节省制作一款游戏的时间、成本和精力。

## 【单元小结】

Unity 是一款功能强大而又简单的游戏开发引擎，为用户提供创建和发布游戏所需要的工具，本单元介绍了 Unity 的基本信息、下载和安装、各个面板的作用及用法等。掌握了 Unity 的面板，用户的开发工作将更加高效。通过本单元的学习，用户能够对 Unity 有一定程度的认识。

## 【单元习题】

1. 概述 Unity 的特点。
2. 登录 Unity 官网下载并安装 Unity。
3. 打开 Asset Store，下载资源到 Unity 中。
4. Unity 界面布局有哪几种？

# 单元 ❸ EasyAR 平面图像跟踪

【教学导航】

　　EasyAR 是一款增强现实引擎，它提供了一系列功能和工具，用于使用摄像头和传感器来感知和追踪现实世界中的物体、图像和场景。EasyAR Sense 是一个强大的 EasyAR 开发工具包，它为开发者提供了一套全面的功能，以创建丰富的 AR 体验。EasyAR Sense Unity Plugin 是 EasyAR Sense 的 Unity 插件，其提供了免费个人版、月付费专业版、一次性付费经典版和定制化功能企业版 4 种订阅模式。

　　EasyAR Sense 提供了平面图像跟踪（图片识别）、3D 物体跟踪（物体识别），以及支持扫描环境实时生成稀疏 3D 点云地图的稀疏空间地图（Sparse Spatial Map）和支持扫描环境实时生成 3D 网格地图并实现碰撞、遮挡等效果的稠密空间地图（Dense Spatial Map）；此外，EasyAR Sense 还提供了手势识别和姿势识别的 SDK。

　　EasyAR Sense 4.0 是 EasyAR Sense 的一个重大更新版本，本书用的就是此版本。EasyAR Sense 4.0 提供的新功能（运动跟踪、稀疏空间地图、稠密空间地图）不能在 Unity 中调试，只能在移动设备上使用，同时对设备有相应的要求。

　　EasyAR Sense 是跨平台的 AR SDK，支持以下平台。

- Windows 7 及以上版本（8.1/10/11）。
- macOS 10.15 及以上版本。
- Android 5.0 及以上版本。
- iOS 9.0 及以上版本。

　　备注：由于 Camera 的实现依赖于 Media Foundation，因此 Windows N 和 KN 需要安装 Media Feature Pack 才能使用 EasyAR Sense。

【支撑知识】

## 3.1　EasyAR Sense 4.0 的 License Key

　　EasyAR Sense 可以兼容 Android 12（在 EasyAR Sense 4.5 发布的时间点最新版本的 Android）和 iOS 15（在 EasyAR Sense 4.5 发布的时间点最新版本的 iOS）。EasyAR Sense

通常不会依赖很多系统 API，所以如果 Android 或 iOS 发布了新版本，EasyAR Sense 一般都可以兼容。

License Key 是 EasyAR Sense 的授权密钥，它是一串用于验证产品是否合法的唯一标识码。如果没有有效的 License Key，那么将不能使用 EasyAR Sense 的功能。License Key 是一种保护商业软件版权的措施，它可以帮助软件开发商确保其产品被安全、合法地使用，以保护自己的利益和客户的权益。

## 3.2 EasyAR 平面图像跟踪

EasyAR 使用计算机视觉和传感器数据，如摄像头输入，实时地检测并跟踪特定的平面图像，然后在该图像上覆盖虚拟对象或信息。"平面"的物体可以是一本书、一张名片、一幅海报、一面涂鸦墙等具有平坦表面的物体。这些物体应当具有丰富且不重复的纹理。

为了创建一个 EasyAR 平面图像跟踪实例，你仅需要准备好一张目标物体的设计图，或者是目标物体正视角度的图片。目标物体的 Target 数据是在 Tracker 中自动生成的，除了准备上述图片，你不需要进行任何额外的操作或配置。

在进行 EasyAR 平面图像跟踪之前，首先得准备好目标物体以及目标物体的模板图片。根据你使用的场景，可以有多种方式来进行准备。例如，你可以直接用相机以正视角度拍摄目标物体，所得照片即可作为目标物体的模板图片。又如，你可以先进行图案的设计或绘制，然后通过打印或生产得到所需的目标物体，你的设计稿或绘画作品即模板图片。需要注意的是，图片的格式建议为 JPG 或 PNG。

EasyAR 平面图像跟踪对图像有一定的要求，即纹理细节丰富，并且纹理不是简单重复，长宽比不能太大。打开 EasyAR Sense 官网，官网提供了图像检查工具，单击浏览按钮，上传要识别的图像，可以检测图像的可识别度，如图 3-1 所示。其中，1 星、2 星表示不能识别；3 星表示较难识别，不推荐使用；4 星、5 星表示易识别，推荐使用。

图 3-1 检测图像的可识别度

微课 9

EasyAR 平面
图像跟踪

EasyAR 平面图像跟踪主要涉及 ImageTracker 和 ImageTarget 这两种游戏对象。每个 ImageTarget 对应一个被跟踪的图像，场景中可以同时出现多个 ImageTracker。EasyAR 平面图像跟踪的基本结构如图 3-2 所示。

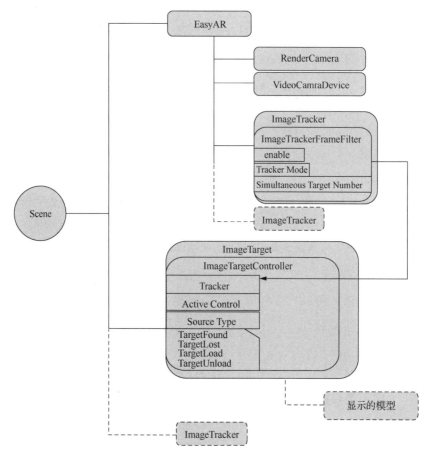

图 3-2　EasyAR 平面图像跟踪的基本结构

## 3.2.1　EasyAR_ImageTracker

EasyAR_ImageTracker 是 EasyAR 中的一个功能模块，用于在增强现实应用程序中实现图像识别和跟踪。它可以对静态图像进行识别，并根据图像的位置和姿态信息，定位和显示相应的虚拟模型或动态特效。

EasyAR_ImageTracker 的主要属性如图 3-3 所示。

微课 10

EasyAR_ImageTracker

### 1. Show Popup Message 属性

Easy AR Controller 的 Show Popup Message 属性的作用是控制是否在 Game 面板中显示 EasyAR 的提示信息。勾选该属性之后，如果 EasyAR 有错误，信息就会直接显示在屏幕上，通常不需要修改。

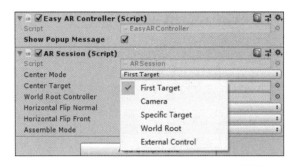

图 3-3　EasyAR_ImageTracker 的主要属性

### 2. Center Mode 属性

ARSession 的 Center Mode 属性用来控制场景中哪个游戏对象是参照对象。选中 Camera 选项，在进行平面跟踪和物体跟踪的时候，Main Camera（也就是场景中的摄像机游戏对象）的位置和角度固定不变，而被跟踪对象的位置和角度依据设备的移动情况进行变化。

选择 First Target 选项或者 Specific Target 选项，在进行平面跟踪和物体跟踪的时候，第一个被识别的游戏对象或者指定的游戏对象的位置和角度固定不变，而其他的识别对象和摄像机游戏对象的位置和角度依据设备的移动情况进行变化。

选择 World Root 选项，需要设置 World Root Controller 属性，在开始跟踪的时候，World Root Controller 属性指定的游戏对象的位置和角度固定不变，而其他的游戏对象的位置和角度依据设备的移动情况进行变化。

### 3. EasyAR_ImageTracker 子对象 Video Camera Device

Video Camera Device 是 EasyAR 中的一个功能模块，可以用于处理视频数据输入、输出和渲染。使用 Video Camera Device 可以对摄像头进行配置和调用，以获取摄像头的视频数据，并将其用于增强现实应用程序中。其常用属性如下。

（1）Focus Mode 属性

该属性用于设置摄像头的对焦模式，默认选项是 Continousauto，如图 3-4 所示，具体说明如表 3-1 所示。

图 3-4　Focus Mode 属性

表 3-1 摄像头的对焦模式

| 属性 | 值 | 说明 |
| --- | --- | --- |
| Normal | 0 | 常规对焦模式。在这个模式下需要调用 autoFocus 来触发对焦 |
| Continousauto | 2 | 连续自动对焦模式 |
| Infinity | 3 | 无穷远对焦模式 |
| Macro | 4 | 微距对焦模式。在这个模式下需要调用 autoFocus 来触发对焦 |
| Medium | 5 | 中等距离对焦模式 |

（2）Camera Open Method 属性

该属性用于设置使用哪个摄像头来获取环境图像，可以通过类型或者序号来进行设置，如图 3-5 和图 3-6 所示。

图 3-5 Camera Open Method 属性为 Device Type

图 3-6 Camera Open Method 属性为 Device Index

（3）Camera Preference 属性

该属性默认选项为 Prefer Object Sensing，如图 3-7 所示。只有当使用到表面跟踪的时候才会选择 Prefer Surface Tracking 选项。

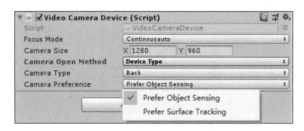

图 3-7 Camera Preference 属性

### 4. EasyAR_ImageTracker 子对象 Image Tracker 的属性

ImageTracker 的属性如图 3-8 所示。

（1）Tracker Mode 属性

该属性用于设置跟踪的时候是质量优先还是性能优先，默认选项为 Prefer Quality（质量优先）。

图 3-8　ImageTracker 中的属性

（2）Simultaneous Target Number 属性

该属性用于设置当前的追踪器同时跟踪目标的最大数量。在一个场景中，能同时被跟踪的图像数量是所有 ImageTracker 的 Simultaneous Target Number 属性值的和。

## 3.2.2　ImageTarget

EasyAR 中的 ImageTarget 翻译过来是图像目标，是用于在增强现实应用程序中识别和跟踪静态图像的技术。通俗地说，ImageTarget 就是一个二维图像或者是展平的三维模型，在拍摄图像时，在图像中预设一些信息。开发人员可以将各种物体、场景和交互元素纳入增强现实中。例如，可以识别并渲染汽车的品牌标志、家具、食品包装等。ImageTarget 的常用属性如下。

### 1. Active Control 属性

该属性用于设置 ImageTarget 游戏对象是否被激活。

选择 Hide When Not Tracking 选项，只有图像被跟踪时，ImageTarget 游戏对象才会被激活；若图像没有被跟踪，则 ImageTarget 游戏对象不被激活，此选项为默认选项。

选择 Hide Before First Found 选项，当图像第一次被跟踪以后，ImageTarget 游戏对象就被激活，之后一直处于激活状态。

选择 None 选项，ImageTarget 游戏对象始终处于激活状态。

当一个 ImageTarget 游戏对象被激活但是又没有被跟踪的时候，其位置和角度不会变化。

### 2. Source Type 属性

该属性用于设置跟踪类型，除了可以直接跟踪 Image File，还可以跟踪只包含关键信息文件大小的 Target Data File。

选择 Image File 选项，表示使用图片文件跟踪。

选择 Target Date File 选项，表示使用 Date 文件跟踪。

选择 Target 选项，表示获取云识别结果跟踪。

### 3. Tracker 属性

每个 ImageTarget 游戏对象必须指定一个 ImageTracker 游戏对象才能被跟踪，可以通过修改该设置实现对图像的加载和卸载。可以通过设置该属性为 null 来卸载对应目标对象，也可以通过设置该属性为具体的 ImageTracker 游戏对象来加载对应目标对象。

## 【单元任务】

知识目标：掌握平面图像跟踪和触屏操作。

技能目标：图像识别播放视频，触屏操作图像实现控制模型的缩放、旋转。

素养目标：增强文化自信和爱我中华之心。

## 3.3 EasyAR Sense 4.0 的下载和基本设置

微课 11

EasyAR Sense 4.0 的下载和基本设置

EasyAR Sense 4.0 对计算机和手机设备有一定的硬件要求，例如手机设备需支持 ARKit 或者 ARCore 及 OpenGL ES 2.0 以上版本等。

### 3.3.1 EasyAR Sense 4.0 的下载

打开 EasyAR 官方下载页面，如图 3-9 所示，找到下载项目，单击即可下载。下载下来的文件是一个 ZIP 格式的压缩包，解压得到的文件就是导入项目用的.unitypackage 文件。

图 3-9　EasyAR 官方下载页面

在 Unity 中选择菜单栏中的 Assets→Import Package→Custom Package...命令，如图 3-10 所示。选中需要导入的文件，单击打开按钮，在弹出窗口中能看到 EasyAR 导入的内容，单击 Import 按钮即可，如图 3-11 所示。

图 3-10　资源导入页面

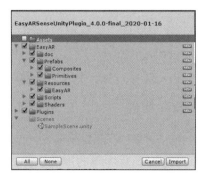

图 3-11　导入 EasyAR 4.0 资源

## 3.3.2 EasyAR Sense 4.0 的基本设置

### 1. 添加 License Key

License Key 是最基本的 Key，有了这个 Key 才能使用 EasyAR 开发包。打开 EasyAR 官网，单击开发中心按钮，如图 3-12 所示。

图 3-12　EasyAR 官网

选中 Sense 授权管理标签，单击我需要一个新的 Sense 许可证密钥按钮，如图 3-13 所示。

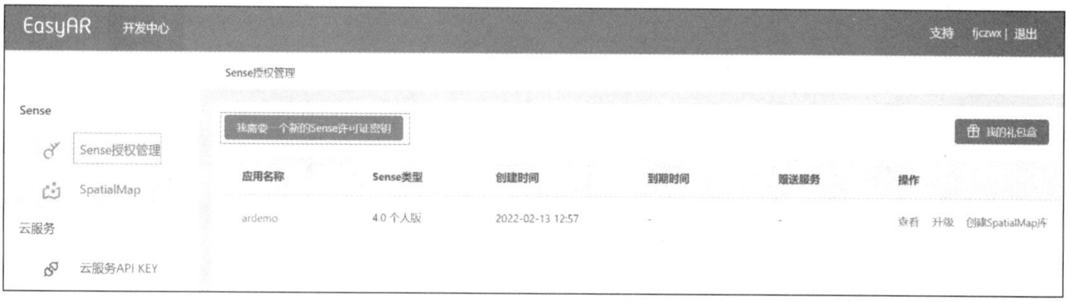

图 3-13　Sense 授权管理

在新的页面中，选择 Sense 类型，设置应用名称、Bundle ID、Package Name。其中，应用名称是自定义的，Bundle ID 和 Package Name 相当于一个应用的"身份证号码"，不和其他应用的"身份证号码"冲突即可，可以设置为 com.***.***，其中，对于星号部分，开发人员可以根据自己的需要设置，这里设置为 com.fjcz.EasyARLearn，如图 3-14 所示。设置好后，单击确定按钮，在 Sense 授权管理页面可以看到"EasyAR4.0 学习"应用申请了许可证密钥，单击查看按钮，可以看到刚申请的许可证密钥，如图 3-15 和图 3-16 所示。

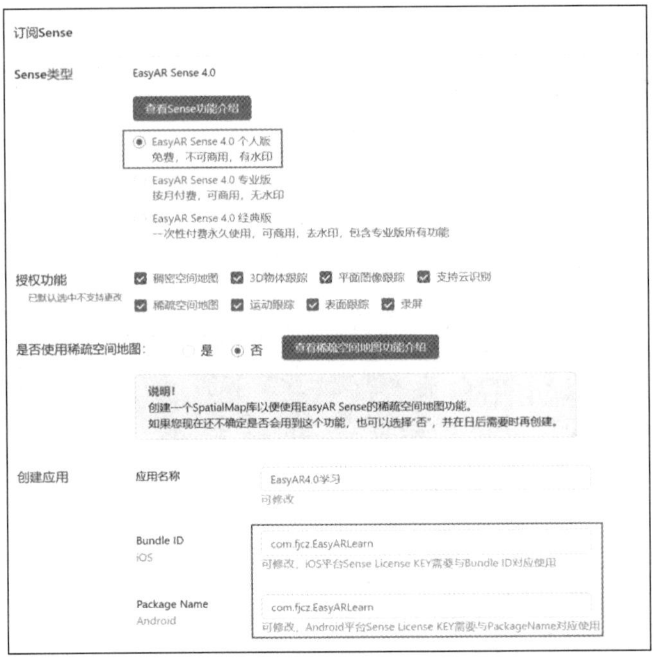

图 3-14　创建 Sense 许可证

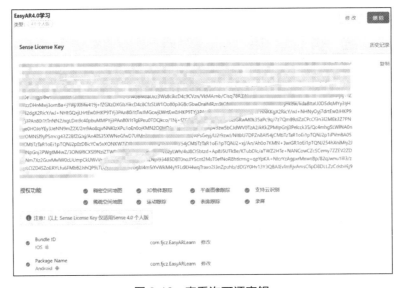

图 3-15　Sense 授权管理页面

图 3-16　查看许可证密钥

## 2. 设置 License Key

EasyAR 的配置文件是 EasyAR/Resources/EasyAR 目录下的 Setting.asset，可以直接双击该文件，也可以在 Unity 中选择菜单栏中的 EasyAR→Change License Key 命令，如图 3-17 所示。

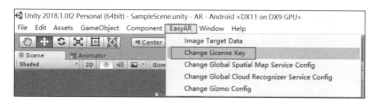

图 3-17　Change License Key

复制图 3-16 中 Scene License Key 下方的内容到 EasyAR SDK License Key 属性中。展开 Gizmo Config 还能看到平面图像跟踪和 3D 物体跟踪的设置，默认全部勾选，一般不需要修改，如图 3-18 所示。

图 3-18　设置 License Key

## 3. 发布设置

打开 Unity，选择菜单栏中的 File→Build Settings…命令，打开 Build Settings 对话框，选中 Platform 下的 Android 标签，将发布平台设置为 Android，如图 3-19 所示。单击 Player Settings…按钮，打开发布的相关设置。在 Inspector 面板中，选中 Other Settings 标签，将图 3-14 中的 Package Name 复制到对应属性中，这里的 Package Name 和 License Key 必须是对应的，即在同一个授权下，如图 3-20 所示。

设置 Minimum API Level 时，Android 版本至少需要 API level 17，如果要用到运动跟踪，则至少需要 API level 24，如图 3-21 所示。设置好后单击 Build 按钮即可完成发布。将发布出来的 APK 文件在手机上安装，即可查看所做案例的效果。

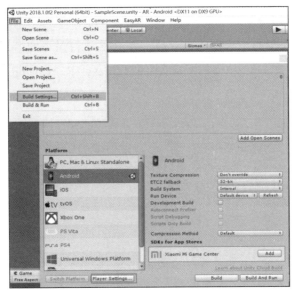

图 3-19 设置发布平台

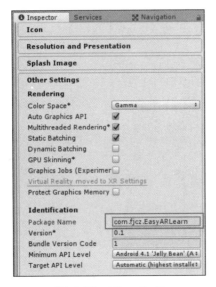

图 3-20 Other Settings

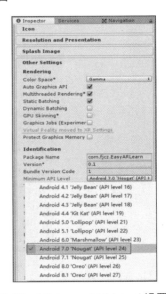

图 3-21 Minimum API Level 设置

## 3.4 图片文件跟踪

微课 12

图片文件跟踪

打开 Unity, 新建一个项目, 创建场景 ImageTarget-Single, 导入 EasyAR SDK。选择菜单栏中的 Assets→Import Package→Custom Package… 命令, 选择从 EasyAR 官网下载的 SDK, 并设置 License Key。

在 Project 面板中添加文件夹 StreamingAssets, 该文件夹用于放置本地的识别对象信息, 如图 3-22 所示。设置场景中 Main Camera 的 Clear Flags 为 Solid Color, 如图 3-23 所示。

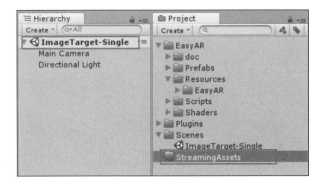

图 3-22 添加项目资源

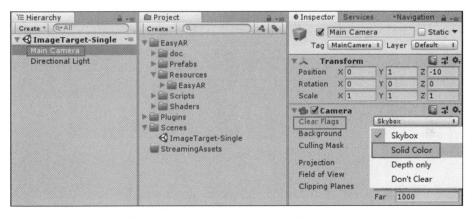

图 3-23 设置 Main Camera 的 Clear Flags

在 Project 面板中将 EasyAR→Prefabs→Composites 目录下的 EasyAR_ImageTracker-1 预制体拖到场景中，如图 3-24 所示。

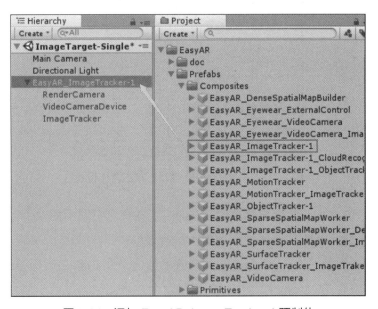

图 3-24 添加 EasyAR_ImageTracker-1 预制体

在 Project 面板中将 EasyAR→Prefabs→Primitives 目录下的 ImageTarget 预制体拖到场景中，如图 3-25 所示。

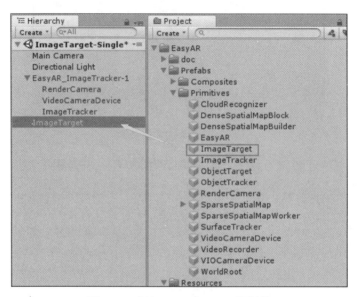

图 3-25　添加 ImageTarget 预制体

下面将要跟踪的图片文件 Teddy.jpg 拖到 StreamingAssets 文件夹下。设置 ImageTarget 游戏对象的 Source Type 为 Image File，通过图像进行跟踪。

设置 Path Type 为 Streaming Assets，设置 Path 为 Teddy.jpg，即跟踪图像相对路径，设置 Name 为 Teddy，设置 Scale 为 0.5，如图 3-26 所示。

图 3-26　ImageTarget 游戏对象的属性设置

注意，这里的 Scale 是指图像在被跟踪的时候在现实空间中的大小，单位为米。设置 Scale 为 0.5，表示在现实空间中该图像大小为 0.5 米。

在 Hierarchy 面板的 ImageTarget 游戏对象下创建一个 Cube，运行场景 ImageTarget-Single，当视野中有 Teddy.jpg 图像出现的时候就会在该图像上显示一个方块，如图 3-27 所示。

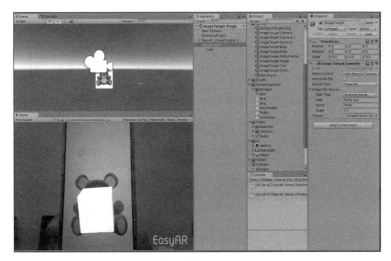

图 3-27　图片文件跟踪

## 3.5　数据文件跟踪

选择菜单栏中的 EasyAR→Image Target Data 命令，如图 3-28 所示。在弹出的对话框中设置 Generate From 为 Image，将要跟踪的图像拖到 Image Path 中，并设置 Name 为 Unitychan，设置 Scale 为 0.1，再单击 Generate 按钮，如图 3-29 所示。之后，默认会在项目 StreamingAssets 文件夹下生成 ETD 文件。

微课 13

数据文件跟踪

图 3-28　选择 Image Target Data 命令　　图 3-29　设置 Image Target Data

这里的 Scale 和前面一样，是指图像在被跟踪的时候在现实空间中的大小，单位为米。

在 Project 面板中将 EasyAR→Prefabs→Primitives 目录下的 ImageTarget 预制体拖到

场景中；设置 ImageTarget(1)游戏对象的 Source Type 为 Target Data File，通过数据文件进行跟踪；设置 Path Type 为 Streaming Assets，设置 Path 为 UnityChan.etd，即跟踪数据文件相对路径；在 ImageTarget(1)游戏对象下创建一个 Sphere，如图 3-30 所示。

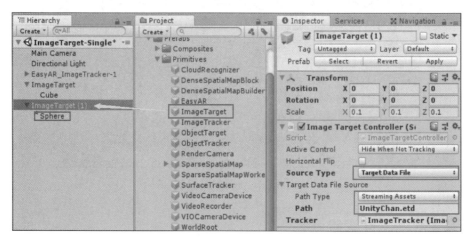

图 3-30　数据文件跟踪设置

先取消激活对象 ImageTarget，再运行场景 ImageTarget-Single，当视野中有 UnityChan.jpg 图像的时候，就会在相应位置显示一个球，如图 3-31 所示。

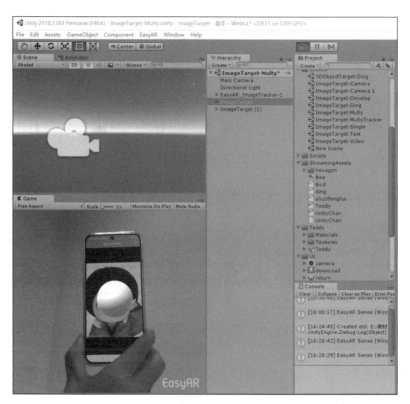

图 3-31　数据文件跟踪运行效果

## 3.6 多个图像跟踪

EasyAR 支持同时跟踪多个目标。根据加载目标的不同，EasyAR 可以同时跟踪多个不同目标，也可以同时跟踪多个相同目标。EasyAR 的接口非常灵活，可以通过两种方式来实现多个目标跟踪。

### 3.6.1 单个 Tracker

选中场景 ImageTarget-Single，按下 Ctrl+D 组合键，将其重命名为 ImageTarget-Multy，即复制原来的场景。双击 ImageTarget-Multy 打开该场景，选中 ImageTracker 游戏对象，修改 Simultaneous Target Number 为 2，如图 3-32 所示。这样运行场景的时候可以同时跟踪两个图像，当视野中出现 Teddy.jpg 和 UnityChan.jpg 的时候，会在图像相应的位置出现球和方块，如图 3-33 所示。

微课 14

单个 Tracker

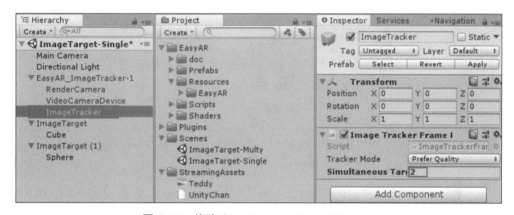

图 3-32 修改 Simultaneous Target Number

图 3-33 单个 Tracker 的多个图像跟踪效果

这是最常用的方法，即用一个 Tracker 同时跟踪多个图像，当视野中的图像数量小于等于跟踪数量的时候，所有图像都会被跟踪；当视野中的图像数量大于追踪器支持的最大跟踪数量时，跟踪程序将只追踪其中的一部分图像。具体来说，哪些图像将保持被跟踪是由算法决定的，并且这是不可控的。

## 3.6.2 多个 Tracker

选中场景 ImageTarget-Multy，按下 Ctrl+D 组合键，将其重命名为 ImageTarget-MultyTracker，即复制原来的场景。双击 ImageTarget-MultyTracker 打开该场景，将原来的 ImageTracker 重命名为 ImageTracker-A，将原来的 ImageTarget 重命名为 ImageTarget-A1，将原来的 ImageTarget(1)重命名为 ImageTarget-A2，即原来的两个图像由 ImageTracker-A 跟踪，如图 3-34 所示。

图 3-34　重命名原有对象

在场景中再添加一个 ImageTracker，在 Project 面板中将 EasyAR→Prefabs→Primitives 目录下的 ImageTracker 预制体拖到 EasyAR_ImageTracker-1 对象下，将其重命名为 ImageTracker-B，设置它的 Simultaneous Target Number 也为 2，如图 3-35 所示。

图 3-35　添加 ImageTracker 预制体

再添加两个 ImageTarget 预制体，分别将其重命名为 ImageTarget-B1 和 ImageTarget-B2，设置跟踪不同的图像，将 Tracker 设置为 ImageTracker-B，如图 3-36 所示。

运行场景，视野中的 4 个图像能被同时跟踪，即每个 Tracker 跟踪两个图像，如图 3-37 所示。

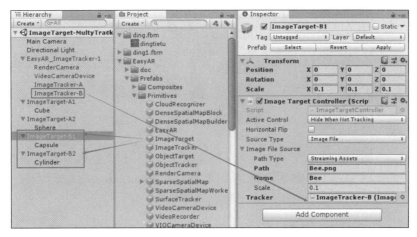

图 3-36 多个 Tracker 的多个图像跟踪设置

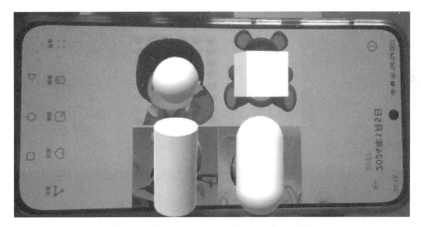

图 3-37 多个 Tracker 的多个图像跟踪效果

## 3.7 播放视频

播放视频也是一种经常被用到的增强现实的表现形式，通常是截取视频第一帧的图像作为识别图像，识别以后再播放视频，这样可以给人一种图像动起来了的错觉。

微课 16

播放视频 1

在 Project 面板中的 Scenes 文件夹下新建一个场景 ImageTarget-Video。在 Hierarchy 面板中，设置 Main Camera 的 Clear Flags 为 Solid Color。在 Project 面板中将 EasyAR→Prefabs→Composites 目录下的 EasyAR_ImageTracker-1 预制体拖到场景中，再将 EasyAR→Prefabs→Primitives 目录下的 ImageTarget 预制体拖到场景中，并设置 ImageTarget 识别的图像属性，如图 3-38 所示。

右击 ImageTarget，选择 3D Object→Plane 命令，添加一个平面作为其子游戏对象，设置 Plane 游戏对象的 Rotation 中的 X 为 90、Y 为 0、Z 为 180，并根据需要修改 Scale，如图 3-39 所示。

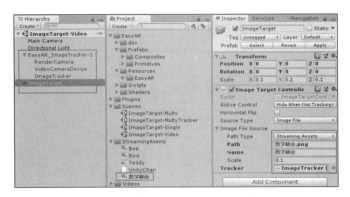

图 3-38　设置视频识别的图像

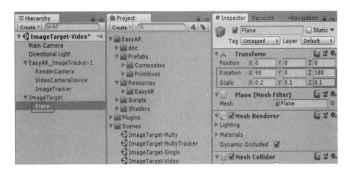

图 3-39　添加 Plane 游戏对象

选中 Plane 游戏对象，单击 Inspector 面板中的 Add Component 按钮，输入 Video Player 并选择该组件，即为 Plane 游戏对象添加视频播放组件。导入"数字峰会"视频，将其拖到 Project 面板的 Videos 文件夹下，并将其拖到 Video Player 组件的 Video Clip 中，如图 3-40 所示。

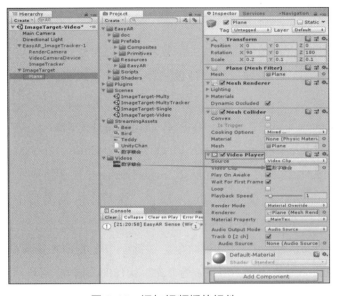

图 3-40　添加视频播放组件

微课 17

播放视频 2

运行场景，当识别到"数字峰会.png"图像的时候会在其上播放对应的"数字峰会"视频，如图 3-41 所示。其中，视频画面的长度和宽度是由 Plane 游戏对象来决定的。

图 3-41　识别图像播放视频效果 1

视频不仅可以在平面上播放，也可以在其他形状的 3D 物体上播放。将 ImageTarget 游戏对象下的 Plane 禁用，并在其下创建一个 Cube 作为视频播放的游戏对象，设置 Cube 的大小和角度，给 Cube 添加 Video Player 组件，并设置该组件的 Video Clip 为"数字峰会"视频，如图 3-42 所示。

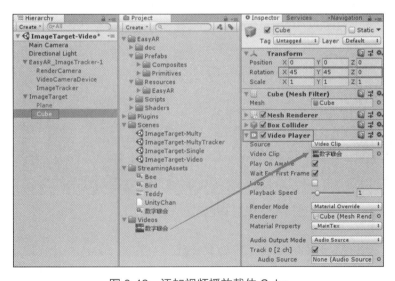

图 3-42　添加视频播放载体 Cube

运行场景,当识别到"数字峰会.png"图像的时候就会出现一个方块,在方块上播放"数字峰会"视频,如图 3-43 所示。

图 3-43　识别图像播放视频效果 2

## 3.8　通过图像控制模型旋转和缩放

复制场景 ImageTarget-Single,并将其重命名为 ImgeTarget-Develop,删除 ImageTarget 游戏对象下的 Cube,创建一个空物体 Bear(重置到世界原点),并向其中导入 TeddyModel.unitypackage 资源包,在 Projec 面板中选择 Teddy→Teddy,将该模型拖到空物体 Bear 下,给 Teddy 模型添加 Box Collider 组件并设置 Teddy 中 Transform 组件的属性,如图 3-44 所示。

微课 18

通过图像控制模型旋转

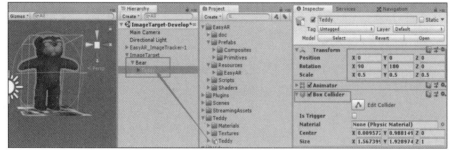

图 3-44　识别模型设置

微课 19

通过图像控制模型缩放

创建一个脚本 ModelObject.cs,并将其挂载给空物体 Bear,实现通过两根手指在屏幕上靠近和分开来控制模型的缩小和放大;手指在屏幕上左右滑动,控制模型的顺、逆时针旋转；单根手指拖动模型实现模型移动等功能。

当 Unity 游戏运行到 iOS 或 Android 设备上时，计算机系统中需要通过鼠标进行的操作可以自动变为手机屏幕上的触屏操作，但多点触屏等操作却是无法利用鼠标进行的。Unity 的 Input 类中不仅包含计算机系统的各种输入功能，还包含针对移动设备触屏操作的各种功能。下面介绍一下 Input 类在触屏操作上的使用。

Input.touches 是一个触摸数组，数组中每个元素代表着手指在屏幕上的触碰状态。每个手指触控都是通过 Input.touches 来描述的，Input.touches 的方法及功能如表 3-2 所示。

表 3-2　Input.touches 的方法及功能

| 方法 | 功能 |
| --- | --- |
| fingerId | 触摸的唯一索引 |
| position | 触摸屏幕的位置 |
| deltatime | 从最后状态到目前状态经过的时间 |
| tapCount | 单击数。Andorid 设备不对单击计数，这个方法总是返回 1 |
| deltaPosition | 自最后一帧所改变的屏幕位置 |
| phase | 相位，即屏幕操作状态 |

其中，phase 的状态及功能如表 3-3 所示。

表 3-3　phase 的状态及功能

| 状态 | 功能 |
| --- | --- |
| Began | 手指刚刚触摸屏幕 |
| Move | 手指在屏幕上移动 |
| Stationary | 手指触摸屏幕，但是最后一帧没有移动 |
| Ended | 手指离开屏幕 |
| Canceled | 系统取消触控跟踪，原因可能是把设备放在脸上或同时超过 5 个触碰点 |

Model Object.cs 中的具体代码如下。

```
using System.Collections;
using System.Collections.Generic;
using UnityEngine;
public class ModelObject : MonoBehaviour
{
    private Vector2 lastPos1 = Vector2.zero;
    private Vector2 lastPos2 = Vector2.zero;
    private Transform Teddy;
```

```csharp
    private bool islarge;
    private Transform pickObject;//碰到的物体
    private Vector3 origionPos;//初始的位置
    private Vector3 origionScale;//初始的大小
    private Quaternion quaternionQua;//初始的角度
    private void Awake()
    {
        Teddy = GameObject.Find("Teddy").transform;
        origionPos = Teddy.localPosition;
        origionScale = Teddy.localScale;
        quaternionQua = Teddy.localRotation;
//开启多点触屏。移动端的输入模块,如果需要同时监测多根手指触摸屏幕,则需要开启多点触屏属性
        Input.multiTouchEnabled = true;
    }
    private void OnDisable()//对象隐藏的时候会调用
    {
        //重置对象的信息
        Teddy.localPosition = origionPos;
        Teddy.localScale = origionScale;
        Teddy.localRotation = quaternionQua;
    }
    // Update is called once per frame
    void Update()
{
//要监测触屏操作,首先需要监测当前用户是否触摸屏幕,可以通过Input.touchCount属性来监测触屏点。当Input.touchCount>0时,说明用户有触屏操作
        if (Input.touchCount == 1)//单根手指触碰屏幕
        {//拖动模型
            //1.单击模型,即选中要拖动的模型(给模型添加碰撞器,通过射线交互)
            //2.让选中的模型跟随手指移动
            if(Input.GetTouch(0).phase==TouchPhase.Began)// 获取触屏点状态信息,即手指刚触碰到屏幕的瞬间
            {//从主相机向手指触碰的位置发射射线
        // Input.GetTouch(0).position是触屏点位于屏幕的位置。有了触屏操作后,就可以通过Input.touches[0]获取每个触屏点的信息,包含触屏点的位置信息、触碰的状态(开始触碰、手指在屏幕上滑动、结束触碰)等
                Ray ray = Camera.main.ScreenPointToRay(Input.GetTouch(0).position);
                //射线接收信息
```

```csharp
            RaycastHit hitInfo;
            //检测射线是否有碰到物体
            if(Physics.Raycast(ray, out hitInfo))
            {
                //碰到物体的父节点
                pickObject = hitInfo.transform.parent;
            }
        }
        //用触屏操作来实现通过左右滑动单根手指来控制模型顺、逆时针旋转
        else if(Input.GetTouch(0).phase==TouchPhase.Moved)//手指在屏幕上滑动的时候
        {
            if(pickObject!=null)//手指选中了物体
            {
                //获取手指的偏移量
                Vector2 offset = Input.GetTouch(0).deltaPosition;
                //移动物体
                pickObject.Translate(offset.x * 0.02f,0,offset.y * 0.02f);
            }
            //没有选中物体,单根手指滑动,向左滑动,模型顺时针旋转,向右滑动,模型逆时针旋转
            else
            {
                float x = Input.GetAxis("Mouse X");//获取手指互动的方向
                if (x < 0)
                    Teddy.Rotate(0,200 * Time.deltaTime,0,Space.Self);
                else
                    Teddy.Rotate(0,-200*Time.deltaTime,0,Space.Self);
            }
        }
        else if(Input.GetTouch(0).phase==TouchPhase.Ended)//手指抬起的瞬间
        {
            //把要拖动的物体设置为空
            pickObject = null;
        }
    }
    //判断两根手指是靠近还是分开,可以记录上一帧两根手指的距离,然后将该距离与当前帧两根手指的距离做对比,变短了则是靠近,变长了则是分开
    else if (Input.touchCount == 2)//两根手指触碰屏幕
    {
        if(Input.GetTouch(0).phase==TouchPhase.Moved||Input.GetTouch(1).
```

```
phase==TouchPhase.Moved)//两根手指中至少有一根手指在移动
        {
            //判断两根手指之间的距离，和上一帧两根手指之间的距离做比较
            //获取当前帧的手指在屏幕上的位置
            Vector2 tempPos1 = Input.GetTouch(0).position;
            Vector2 tempPos2 = Input.GetTouch(1).position;
            Vector3 scale = Teddy.localScale;//获取当前模型的倍数
            //缩放操作，为了不让物体无限放大和缩小，设置Scale的最大值和最小值
            islarge = IsEnlarge(lastPos1,lastPos2,tempPos1,tempPos2);
            if (islarge&&scale.x<2)//放大操作
            {
                scale *= 1.5f;
                Teddy.localScale = scale;
            }
            else if (islarge==false&&scale.x>0.3f)//缩小操作
            {
                scale *= 0.9f;
                Teddy.localScale = scale;
            }
            //更新上一帧手指的位置
            lastPos1 = tempPos1;
            lastPos2 = tempPos2;
        }
    }
}
//创建方法，判断是否放大，两根手指触碰屏幕，将当前两根手指之间的距离和上一帧两根手指之间的距离做比较，变短则缩小，变长则放大
private bool IsEnlarge(Vector2 prePos1,Vector2 prePos2,Vector2 nextPos1,Vector2 nextPos2)
{
    float length1 = Mathf.Sqrt((prePos1.x-prePos2.x)*(prePos1.x-prePos2.x)+(prePos1.y-prePos2.y)*(prePos1.y-prePos2.y));
    float length2=Mathf.Sqrt((nextPos1.x-nextPos2.x)*(nextPos1.x-nextPos2.x)+(nextPos1.y-nextPos2.y)*(nextPos1.y-nextPos2.y));
    if (length1 > length2)
        return false;
    else
        return true;
}
```

将做好的场景ImageTarget-Develop发布到手机进行测试，当识别到图像的时候，手指触摸手机屏幕可以实现Teddy模型的缩放和旋转。

右击代码中的 phase，在弹出的快捷菜单中选择转到定义命令，如图 3-45 所示。可以查看 TouchPhase 枚举的定义，它包含了一系列预定义的枚举成员，包括 Began（开始）、Moved（移动）、Stationary（静止）和 Ended（结束）。通过查看 TouchPhase 的定义，用户可以详细了解每个阶段的含义和用途，如下所示。

```
namespace UnityEngine
{
    public enum TouchPhase
    {
        //     A finger touched the screen.
        Began = 0,
        //     A finger moved on the screen.
        Moved = 1,
        //     A finger is touching the screen but hasn't moved.
        Stationary = 2,
        //     A finger was lifted from the screen. This is the final phase of a touch.
        Ended = 3,
        //     The system cancelled tracking for the touch.
        Canceled = 4
    }
}
```

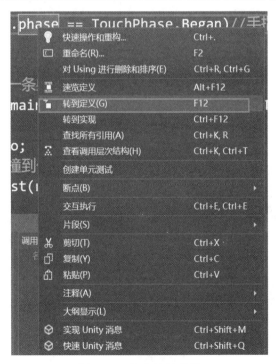

图 3-45　脚本快捷菜单

## 3.9 使用摄像头拍摄并存储图片

实现摄像头的拍摄功能,并存储拍摄的图片。创建一个新的场景 ImageTarget-Camera,在 Hierarchy 面板中创建 Image 并将其重命名为 Photo,设置 Photo 的锚点为全屏模式。在 Photo 下添加两个 Button,一个是用于返回拍摄界面的 ReturnBtn,另一个是用于存储图片的 SaveBtn,并给两个 Button 添加合适的纹理图片,如图 3-46 所示。Photo 初始为未激活状态,当拍摄好后,再激活 Photo,将拍摄的图片以纹理形式贴到 Photo 上。可以手动隐藏 Photo,变为拍摄界面。

图 3-46 Photo 界面 1

在 Canvas 下创建一个空物体 MainUI,填充整个画布,并将其放到 Photo 上方,因为 UI 有渲染顺序。在 MainUI 下创建一个 Button,即拍照按钮 CameraBtn,并给按钮添加合适的纹理图片,如图 3-47 所示。

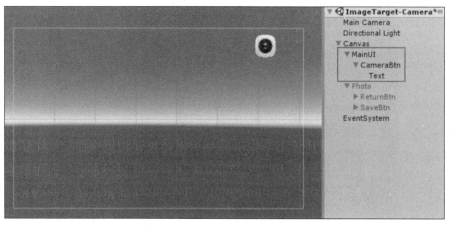

图 3-47 MainUI 界面

设置 Main Camera 的 Clear Flags 为 Solid Color，在 Project 面板中将 EasyAR→Prefabs→Composites 目录下的 EasyAR_ImageTracker-1 预制体拖到场景中，创建脚本 Photo.cs 并将其挂载给 Canvas，实现按下空格键时调用摄像机的拍摄功能，具体代码如下。

```csharp
using System.Collections;
using System.Collections.Generic;
using UnityEngine;
using UnityEngine.UI;
using System.IO;
using System;
#if UNITY_EDITOR
using UnityEditor;
#endif
public class Photo : MonoBehaviour
{
    public static Photo instance;//单例
    public GameObject mainUi; //主界面
    public Image photoImg;//图片组件
    public byte[] pngByte;//图片的二进制数据
    void Awake()
    {
        instance = this;
    }
    void Update()
    {
        if (Input.GetKeyUp(KeyCode.Space)) //按空格键拍摄
            StartCoroutine("TakePhoto");//启动拍摄功能的方法（协程）
    }
    //拍摄
    public void TakePicture()
    {
        StartCoroutine("TakePhoto");
    }
//截图（协程）
    IEnumerator TakePhoto()
    {
        mainUi.SetActive(false); //截图前要隐藏 UI
        //定义一个变量，用来存放手机画面的像素，指定存储的像素的容量
        //创建 Texture2D 类型的变量，用来存放像素
```

```csharp
        Texture2D t = new Texture2D(Screen.width,Screen.height,TextureFormat.RGB24,false);
        //截取屏幕中的像素,并将其存储到Texture2D类型的变量中
        yield return new WaitForEndOfFrame();//等待一帧的时间
        //截取屏幕中的像素
        t.ReadPixels(new Rect(0,0,Screen.width,Screen.height),0,0,true);
        //将纹理的格式转成PNG格式,然后将PNG格式的纹理转成二进制数据并存储在数组中
        pngByte = t.EncodeToPNG();
        //对纹理进行压缩,应用
        t.Compress(true);
        t.Apply();
        //转化后纹理图片的大小跟屏幕一样
        //把截取的像素转成Sprite类型的数据,就可以贴在UI上
        Sprite sp = Sprite.Create(t,new Rect(0,0,t.width,t.height),new Vector2(0.5f,0.5f));
        photoImg.sprite = sp;
        photoImg.gameObject.SetActive(true);
        //截图完以后把UI显示出来
        mainUi.SetActive(true);
    }
    public void WritePicture()
    {
        //将图片数据写入硬盘
        StartCoroutine("WriteDate");
    }
    //写文件,将图片写入硬盘(存储在硬盘中)
    IEnumerator WriteDate()
    {
#if UNITY_EDITOR
        string path = Application.dataPath + "/" + CreatePictureName();        //图片存储的路径和名字(个人计算机)
#elif UNITY_ANDROID
        string path = "/sdcard/DCIM/Camera" + CreatePictureName();        //Android手机
#endif
        yield return new WaitForEndOfFrame();            //等待一帧的时间
        File.WriteAllBytes(path,pngByte);                //将数据写入硬盘
#if UNITY_EDITOR
        AssetDatabase.Refresh();//刷新Project面板
#endif
```

```
/*
#if UNITY_ANDROID
    //刷新 Android 手机的相册
    string[] str = new string[1];
    str[0] = path;
    ScanFile(str);
#endif
*/
}
//创建图片文件名方法
  private string CreatePictureName()
  {
    string name = DateTime.Now.Year.ToString() + DateTime.Now.Month.ToString() + DateTime.Now.Day.ToString()
        + DateTime.Now.Hour.ToString() + DateTime.Now.Minute.ToString() + DateTime.Now.Second.ToString();
    return name + ".png";
  }
//刷新安卓手机的相册（在 PC 端试验会报错，因此在 PC 端试验的时候，将 Android 端的此方法先注释掉。）
  /*public void ScanFile(string[] path)
  {
    using (AndroidJavaClass PlayerActivity = new AndroidJavaClass("com.unity3d.player.UnityPlayer"))
    {
      AndroidJavaObject playerActivity = PlayerActivity.GetStatic<AndroidJavaObject>("currentActivity");
      using (AndroidJavaObject Conn = new AndroidJavaObject("android.media.MediaScannerConnection",playerActivity,null))
      {
        Conn.CallStatic("scanFile",playerActivity,path,null,null);
      }
    }
  }
  */
}
```

在脚本 Photo.cs 中创建了 public（公有）变量：主界面变量 mainUi 和图片组件变量 photoImg。这两个变量在脚本中还没有被赋值（Inspector 面板会自动对变量名首字母大写），那么就需要在 Inspector 面板中对这两个变量进行赋值。将 Hierarchy 面板中的 MainUI 对象赋给 mainUi 变量，将 Photo 对象赋给 photoImg 变量，如图 3-48 所示。

图 3-48　为变量赋值 1

创建脚本 PhotoUI.cs 并将其挂载给 Photo，实现单击返回按钮返回拍摄界面，单击保存按钮保存拍摄的图片，具体代码如下。

```
using System.Collections;
using System.Collections.Generic;
using UnityEngine;
using UnityEngine.UI;
public class PhotoUI : MonoBehaviour
{
  public Button returnBtn;
  public Button saveBtn;
  // Use this for initialization
  void Start()
  {
    returnBtn.onClick.AddListener(ReturnTakePhoto);
    saveBtn.onClick.AddListener(SavePhoto);
  }
  // Update is called once per frame
  void ReturnTakePhoto()
  {
    gameObject.SetActive(false);  //隐藏当前的对象
  }
  //保存图片到相册
  void SavePhoto()
  {
    Photo.instance.WritePicture();
    gameObject.SetActive(false);  //隐藏当前的对象，返回拍摄界面
  }
}
```

同理，这里需要对脚本中未赋值的公有变量 returnBtn 和 saveBton 进行赋值，分别将 Hierarchy 面板中的 ReturnBtn 对象和 SaveBtn 对象赋给这两个变量，如图 3-49 所示。

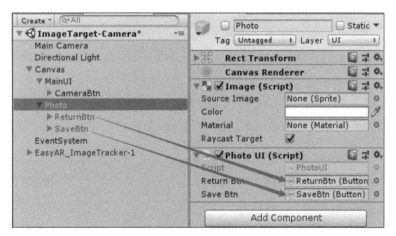

图 3-49  为变量赋值 2

创建脚本 MainUI.cs 并将其挂载给 MainUI，实现单击拍摄按钮可以拍摄，拍摄后出现 Photo 界面（该界面包含返回按钮和保存按钮），具体代码如下。

```
using System.Collections;
using System.Collections.Generic;
using UnityEngine;
using UnityEngine.UI;
public class MainUIPhoto : MonoBehaviour
{
  public Button takePhoBtn;
    // Use this for initialization
    void Start ()
    {
    takePhoBtn.onClick.AddListener(TakePhoto);
    }
public void TakePhoto()
   {
     Photo.instance.TakePicture();//调用拍摄方法
   }
}
```

同理，将 Hierarchy 面板中的 CameraBtn 对象赋给 takePhoBtn 变量，如图 3-50 所示。

运行 ImageTarget-Camera 场景，开启摄像头，如图 3-51 所示。单击拍摄按钮，将出现图 3-52 所示的界面。如果单击返回按钮，则返回图 3-51 所示的界面，可重新拍摄；如果单击保存按钮，将以拍摄时间命名图片并存储起来，在 Project 面板上可以查看拍摄到的图片。

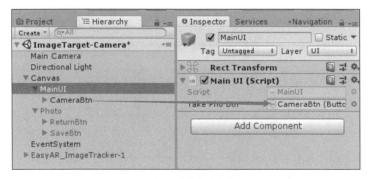

图 3-50　为变量赋值 3

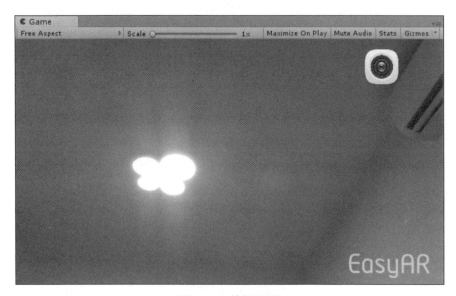

图 3-51　拍摄界面

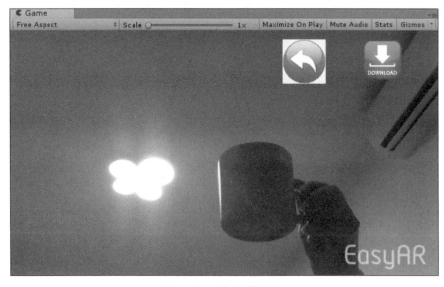

图 3-52　Photo 界面 2

## 3.10 文物鉴赏

鼎本来是古代的烹饪之器,有三足圆鼎,也有四足方鼎。最早的鼎是黏土烧制的陶鼎,后来有了用青铜铸造的铜鼎。传说禹曾收九牧之金铸九鼎于荆山之下,象征九州,并在上面镌刻魑魅魍魉的图形,让人们警惕,防止被其伤害。自从有了禹铸九鼎的传说,鼎就从一般的炊器发展为传国重器。国灭则鼎迁,夏朝灭,商朝兴,九鼎迁于商都亳(bó)京;商朝灭,周朝兴,九鼎又迁于周都镐(hào)京。历商至周,都把定都或建立王朝称为"定鼎"。

鼎被视为传国重器、国家和权力的象征,"鼎"字也被赋予了"显赫""尊贵""盛大"等意义,如一言九鼎、大名鼎鼎、鼎盛时期、鼎力相助等。鼎又是旌功记绩的礼器。周代的国君或王公大臣在重大庆典或接受赏赐时都要铸鼎,以记载盛况。

鼎是我国青铜文化的代表。它是文明的见证,也是文化的载体。根据禹铸九鼎的传说,可以推想,我国远在 4000 多年前就有了青铜的冶炼和铸造技术;从地下发掘的商代大铜鼎,证明了我国商代已是高度发达的青铜时代。

现代汉字中的"鼎"字虽然经过了甲骨文、金文、小篆、隶书等多次变化,但仍然保留着鼎这一事物的风范和形体特点,其物与其字几乎融为一体,都有着丰富的文化内涵。

接下来实现扫描鼎的图片,出现鼎从碎片旋转并拢成完整鼎的过程,并对鼎做文字介绍。

打开 Unity,新建一个项目,创建场景 ImageTarget-Ding,导入 EasyAR SDK。选择菜单栏中的 Assets→Import Package→Custom Package…命令,选择从 EasyAR 官网下载的 SDK,并设置 License Key。

在 Hierarchy 面板中创建 StreamingAssets 文件夹,该文件夹用于放置本地的识别对象信息,设置场景中 Main Camera 的 Clear Flags 为 Solid Color。

在 Project 面板中将 EasyAR→Prefabs→Composites 目录下的 EasyAR_ImageTracker-1 预制体拖到场景中,再在 Project 面板中将 EasyAR→Prefabs→Primitives 目录下的 ImageTarget 预制体拖到场景中,将要显示的鼎的模型拖到 ImageTarget 游戏对象下,如图 3-53 所示。

前面在 Project 面板中创建了 StreamingAssets 文件夹,现在将要跟踪的图片文件 ding.png 拖到 StreamingAssets 目录下。设置 ImageTarget 游戏对象的 Source Type 为 Image File,通过图像进行跟踪。设置 Path Type 为 Streaming Assets,设置 Path 为 ding.png,即跟踪图像相对路径,设置 Name 为 ding,设置 Scale 为 0.1,如图 3-54 所示。

图 3-53 添加游戏对象

图 3-54 设置 ImageTarget 属性

在 Main Camera 下创建一个 Image，给 Image 添加 Mask 组件，实现图片遮罩效果。在 Image 下创建一个 Text，在 Text 属性中输入有关鼎的介绍："鼎是我国古代一些地方用以烹煮和盛贮肉类的器具，是古代最重要的青铜器之一。鼎被后世认为是所有青铜器中最能代表至高无上权力的器物。"给 Text 挂载脚本 Typing.cs，实现字体移动效果，具体代码如下。

```
using UnityEngine;
using UnityEngine.UI;
using UnityEngine.Events;
public class Typing : MonoBehaviour
{
    public float moveSpeed = 5;
    public UnityEvent nextEvent;
    private void Update()
    {
        if (transform.localPosition.y < 700)
        {
            transform.Translate(Vector3.up * Time.deltaTime * moveSpeed);
        }
        else
        {
```

```
      nextEvent.Invoke();
    }
  }
}
```

编写脚本 Ding.cs 并将其挂载给游戏对象 ding，实现当识别到鼎的图片时模型自转，具体代码如下。

```
public class Ding : MonoBehaviour
{
  public float rotateSpeed = 3;
  private void Update()
  {
    transform.Rotate(Vector3.up * Time.deltaTime * rotateSpeed);
  }
}
```

编写脚本 CloseObj.cs 并将其挂载给鼎的所有子对象，实现当识别到鼎的图片时，鼎模型的碎片组合出现，具体代码如下。

```
public class CloseObj : MonoBehaviour
{
  public float afterTimeStart = 3;//3秒之后执行
  public float t;//执行过程的总时长
  public UnityEvent nextEvent;//执行完之后的事件
  void OnEnable()
  {
    StartCoroutine(BiHe());
  }
  IEnumerator BiHe()
  {
    yield return new WaitForSeconds(afterTimeStart);//等待一段时间再执行
    Vector3 startpos = transform.localPosition;//获取当前位置
    float jdt = 0;
    while (jdt < 1)
    {
      jdt += Time.deltaTime / t;
      transform.localPosition = Vector3.Lerp(startpos,Vector3.zero,jdt);
      yield return null;
    }
    nextEvent.Invoke();//执行完之后的事件激活
  }
}
```

在 Hierarchy 面板中，先禁用 Image 对象，给鼎的子对象 Box001 添加 Image 对象激活的事件,即把 Image 对象赋给 Close Obj 组件的 Next Event(),并选择 GameObject.SetActive 事件,如图 3-55 所示。实现当识别到鼎的图片时,出现鼎的文物模型以及鼎的文字介绍页面,如图 3-56 所示。

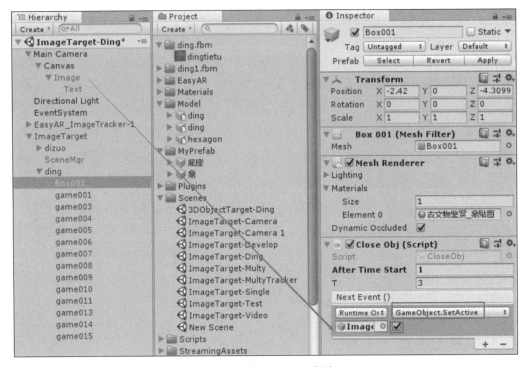

图 3-55　激活 Image 事件

图 3-56　文物鉴赏

## 【单元小结】

本单元主要对 EasyAR Sense 4.0 增强现实引擎和平面图像跟踪进行系统介绍，包括 EasyAR Sense 4.0 的核心功能、支持的平台、下载、开发环境的设置方法，以及多个图像跟踪、播放视频、通过图像控制模型缩放和旋转、使用摄像头拍摄并存储图片等，帮助读者掌握增强现实应用程序开发流程，学会动态加载模型，实现简单的交互。

## 【单元习题】

1. 基于 EasyAR 开发增强现实应用程序时，选择识别图片时需要注意哪几点？
2. 在 Unity 中导入资源包 "敦煌.unitypackage"，并基于 EasyAR 实现当扫描到敦煌图片时，识别出敦煌飞天的人物模型。

# 单元 4 EasyAR 3D 物体跟踪

【教学导航】

EasyAR 3D 物体跟踪总体上和平面图像跟踪差不多,都包括程序控制、识别多个对象等,区别只是目标对象不同。

EasyAR 3D 物体跟踪对 3D 物体的纹理(也就是表面图案的丰富程度)是有要求的,纹理如果是由简单的色块组成的,那么效果并不是很好。

EasyAR 3D 物体跟踪主要涉及 ObjectTracker 和 ObjectTarget 这两种游戏对象,每个 ObjectTarget 对应一个被跟踪的 3D 物体,场景中可以同时出现多个 ObjectTracker,EasyAR 3D 物体跟踪的基本结构如图 4-1 所示。

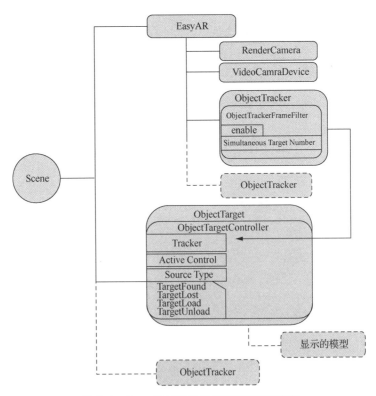

图 4-1 EasyAR 3D 物体跟踪的基本结构

使用 EasyAR 3D 物体跟踪的第一步是准备好待跟踪物体的 3D 模型文件。该模型文件必须是 Wavefront OBJ 格式的，且必须包含相应的材质文件以及至少一张纹理贴图文件。3D 模型文件的最低要求如下。

一个 3D 模型应该包括一个 OBJ 文件以及相应的 MTL 文件和纹理贴图文件，并放在同一个目录下。

纹理贴图文件可以是 JPG 格式或 PNG 格式。

文件名及文件内部的路径不能有空格。

文件应使用 UTF-8 格式编码。

其中，OBJ 文件的最低要求如下。

几何顶点（vertex），用$(x,y,z[,w])$坐标表示，$w$ 为可选项，默认值为 1.0。顶点的色彩参数不是必需的，系统并不会加载色彩参数。

纹理坐标（texture coordinates），用$(u,v[,w])$坐标表示，$w$ 为可选项，默认值为 0。通常情况下，$u$ 和 $v$ 的取值范围通常为 0~1。对于小于 0 或者大于 1 的情形，系统默认会以 REPEAT 模式进行处理，即忽略坐标的整数部分，然后构建一个重复的模式（与 OpenGL 中的 GL_REPEAT 处理方式相同）。

面元素（face），应当至少包含顶点的索引，以及顶点的纹理坐标的索引。同样支持超过 3 个顶点的多边形（如四边形）面片结构。

材质文件的引用（mtllib），要求至少指定一个外部 MTL 文件，文件路径必须是相对路径，不能是绝对路径。

模型元素引用的材质须指定材质名字，这个材质名字应当与外部 MTL 文件中定义的材质名字保持一致。

MTL 文件的最低要求如下。

一个 MTL 文件中应当定义至少一个材质。

纹理贴图（texture map）是必需的。通常情况下，只需要指定环境光（ambient）或者漫反射（diffuse）的纹理贴图。纹理贴图的路径必须是相对路径，不能是绝对路径。

纹理贴图的其他可选参数不是必需的，如果提供了系统也不会采用。

## 【支撑知识】

### 4.1 EasyAR_ObjectTracker

EasyAR_ObjectTracker 是 EasyAR 中的一个功能模块，用于在增强现实应用程序中实现目标跟踪。ObjectTracker 可以跟踪任意 3D 对象，无须考虑其形状或特征，只需要提供正确的渲染和位置信息即可。

EasyAR_ObjectTracker 的主要属性如图 4-2 所示。Show Popup Message 属性、Center Mode 属性和 ImageTracker 子对象 Video Camera Device 的属性在单元 3.2.1 和单元 3.2.2 中已经详细阐述，此处不再赘述。

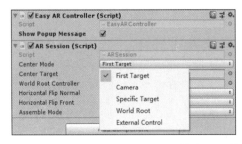

图 4-2　EasyAR_ObjectTracker 的主要属性

EasyAR_ObjectTracker 子对象 ObjectTracker 的属性如图 4-3 所示。

图 4-3　ObjectTracker 中的属性

Simultaneous Target Nubmer 属性用于设置当前的追踪器同时跟踪目标的最大数量。在一个场景中，能同时被跟踪的物体数量是所有 ObjectTracker 的 Simultaneous Target Number 属性值的和。

## 4.2　ObjectTarget

EasyAR 中的 ObjectTarget 用于实现 3D 对象的识别和跟踪，与 ImageTarget 不同，ObjectTarget 可以跟踪不规则的 3D 对象，无须考虑其形状、特征。ObjectTarget 可以通过 3D 模型导入，导入的模型需要包含一些元数据，如位移、旋转和缩放等信息。ObjectTarget 的常用属性如下。

### 1. Active Control 属性

该属性用于设置 ObjectTarget 游戏对象是否被激活。

选择 Hide When Not Tracking 选项，只有 3D 物体被跟踪时，ObjectTarget 游戏对象才会被激活；如果 3D 物体没有被跟踪，则 ObjectTarget 游戏对象不被激活，此选项为默认选项。

选择 Hide Before First Found 选项，当 3D 物体第一次被跟踪以后，Object Target 游戏对象就被激活，之后一直处于激活状态。

选择 None 选项，ObjectTarget 游戏对象始终处于激活状态。

当一个 ObjectTarget 游戏对象被激活但是又没有被跟踪的时候，其位置和角度不会发生变化。

2. Source Type 属性

该属性用于设置跟踪类型，通常情况下使用 Obj File 即可。Target 只是在程序控制的时候会使用到。

3. Tracker 属性

每个 ObjectTarget 游戏对象必须指定一个 ObjectTracker 游戏对象才能被跟踪，可以通过修改 Tracker 该设置实现对物体的加载和卸载。可以通过设置 Tracker 属性为 null 来卸载对应目标对象，也可以通过设置 Tracker 属性为具体的 ObjectTracker 游戏对象来加载对应目标对象。

## 【单元任务】

知识目标：掌握 EasyAR 3D 物体跟踪。
技能目标：跟踪 3D 物体，动态加载模型实现 AR 交互。
素养目标：开拓发展与创新能力。

## 4.3 舞动的小熊

### 4.3.1 项目准备

打开 Unity，新建一个项目，创建场景 ObjectTarget，导入 EasyAR SDK。选择菜单栏中的 Assets→Import Package→Custom Package…命令，选择从 EasyAR 官网下载的 SDK，并设置 License Key。

在 Hierarchy 面板中添加 StreamingAssets 文件夹，该文件夹用于放置本地的识别对象信息。在 StreamingAssets 文件夹下创建一个 hexagon 文件夹，将 hexagon.obj、hexagon.mtl 和 hexagon.jpg 文件拖到 hexagon 文件夹下，并将其作为跟踪的内容。再创建文件夹 Model、Texture，将 hexagon.obj 文件复制到 Model 文件夹下，作为识别后显示模型；将 hexagon.jpg 文件复制到 Texture 文件夹下，作为模型的纹理，如图 4-4 所示。

图 4-4 准备素材

微课 22

项目准备

设置场景中 Main Camera 的 Clear Flags 为 Solid Color，如图 4-5 所示。

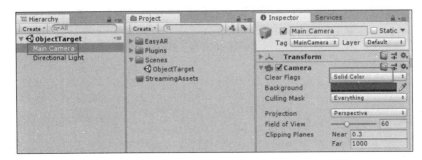

图 4-5　设置 Main Camera 的 Clear Flags

在 Project 面板中将 EasyAR→Prefabs→Composites 目录下的 EasyAR_ObjectTracker-1 预制体拖到场景中，如图 4-6 所示。

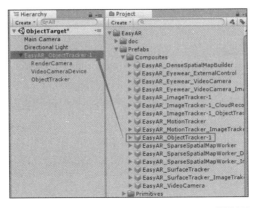

图 4-6　添加 EasyAR_ObjectTracker-1 预制体

在 Project 面板中将 EasyAR→Prefabs→Primitives 目录下的 ObjectTarget 预制体拖到场景中，如图 4-7 所示。

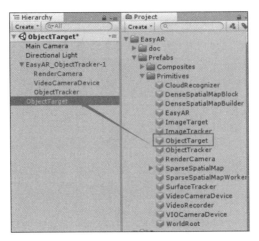

图 4-7　添加 ObjectTarget 预制体

单击 ObjectTarget 预制体，设置 Source Type 为 Obj File；设置 Obj Path 为 hexagon/hexagon.obj，即要跟踪的 OBJ 文件的路径；修改 Extra File Paths 的 Size 为 2，并添加另外两个文件的路径，即 hexagon/hexagon.jpg 和 hexagon/hexagon.mtl，设置 Name 为 hexago，设置 Scale 为 1，如图 4-8 所示。

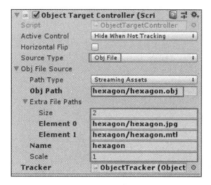

图 4-8　ObjectTarget 预制体的属性设置

### 4.3.2　添加跟踪的模型

将 Project 面板中 Model 文件夹下的 hexagon 模型拖到 Hierarchy 面板的 ObjectTarget 游戏对象下，并将其作为跟踪后显示的模型。修改 Rotation 中的 X 为 90、Y 为 180、Z 为 0，选择模型以保持方向一致；将 Project 面板中的材质 hexagon.jpg 拖到 Hierarchy 面板的 ObjectTarget→hexagon→hexagon:hexagon 目录下，如图 4-9 所示。

微课 23
添加跟踪的模型 1

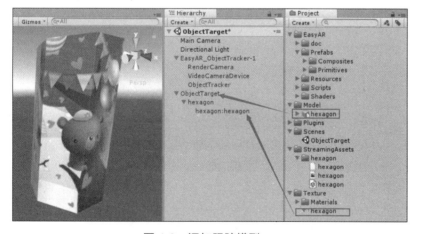

图 4-9　添加跟踪模型

微课 24
添加跟踪的模型 2

运行场景 ObjectTarget，识别到 3D 物体后就会显示模型，模型正好覆盖原有模型，直观上就是黑白的变成彩色的，如图 4-10 所示。

在 Hierarchy 面板的 ObjectTarget 游戏对象下创建一个 Plane 游戏对象，即右击

ObjectTarget 游戏对象，选择 3D Object→Plane 命令。赋予 Plane 游戏对象红色的纹理，即右击 Project 面板空白处，选择 Create→Material 命令，创建纹理材质，并将其命名为 Red。将此 Red 材质球的 Albedo 属性设置为红色，再把 Red 材质球拖给 Plane 游戏对象。创建脚本 RotatePlane.cs 并将其挂载给 Plane 游戏对象，实现运行场景，识别到 3D 物体后就显示模型，同时在模型上叠加一个旋转的红色平面，如图 4-11 所示，具体代码如下。

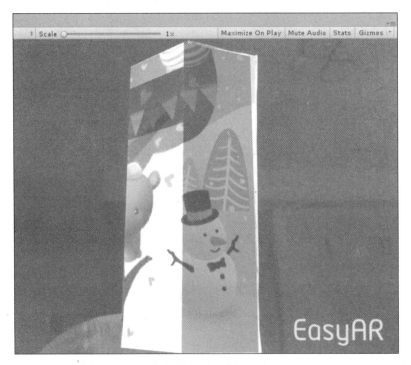

图 4-10　3D 物体识别

图 4-11　3D 物体跟踪效果

```
public class RotatePlane : MonoBehaviour
{
    // Update is called once per frame
    void Update ()
    {
    transform.Rotate(0,60*Time.deltaTime, 0, Space.World);
    }
}
```

复制场景 ObjectTarget，并将其重命名为 ObjectTarget-Develop，导入资源包 Teddy.unitypackage，将 Project 面板中 UnityChan→Models 目录下的 Teddy 拖到 Hierarchy 面板的 ObjectTarget 游戏对象下，如图 4-12 所示；设置它的 Transform 组件，如图 4-13 所示。

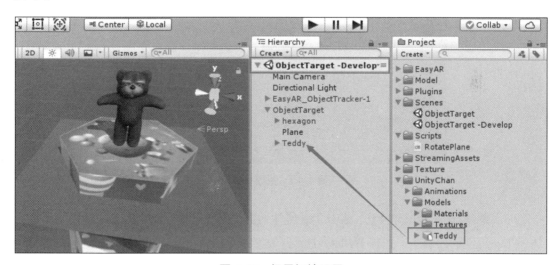

图 4-12　场景初始设置

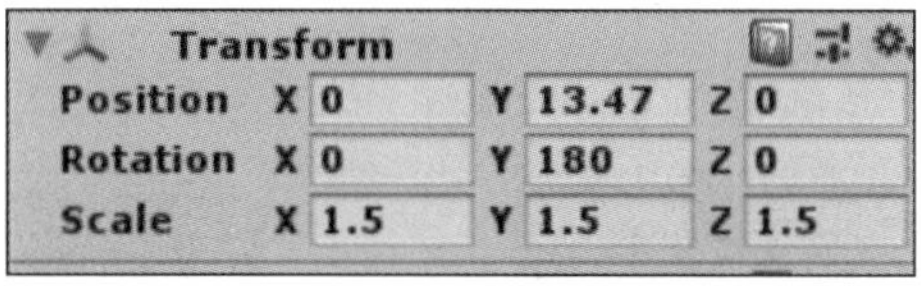

图 4-13　Transform 组件设置

设置 Honey 的标签，将 Project 面板中 UnityChan→Models 目录下的 Honey 拖到场景中，调整大小，设置标签为 Bullet（方便检测 Teddy 与 Honey 的碰撞），操作步骤如下。

（1）选择场景中的 Honey 对象，在 Inspector 面板中单击 Tag 属性的值，在弹出的列表中选择 Add Tag...命令，如图 4-14 所示。

（2）在弹出的 Tags & Layers 面板中单击 按钮，在 New Tag Name 文本框中输入 Bullet，单击 Save 按钮，如图 4-15 所示。

图 4-14 选择 Add Tag...命令

图 4-15 新建标签

（3）重新选择 Honey 对象，单击 Tag 属性的值，此时，刚才新建的 Bullet 标签已经添加到 Tag 属性的列表中，选择 Bullet，Honey 对象便加上了 Bullet 标签，如图 4-16 所示。

下面制作 Honey 预制体。

（1）给 Honey 对象添加刚体组件 Rigidbody，即选中 Honey 对象，在 Inspector 面板中单击 Add Component 按钮，输入 Rigidbody 并选择该组件，如图 4-17 所示。

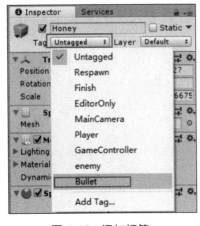

图 4-16 添加标签

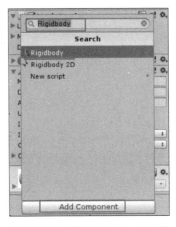

图 4-17 添加 RigidBody 组件

（2）Rigidbody 组件不需要重力，所以取消勾选 Use Gravity 选框，将 Collision Detection 设置为 Continous，即持续监测，如图 4-18 所示。

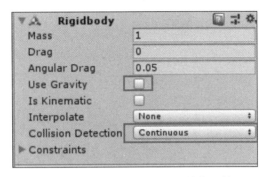

图 4-18 设置 Rigidbody 组件的属性

（3）给 Honey 对象添加盒子碰撞器组件 Box Collider，即选中 Honey 对象，单击 Inspector 面板中的 Add Component 按钮，选择 Box Collider。

（4）创建脚本 Bullet.cs 并将其挂载给 Honey 对象，实现当 Honey 对象发射出去 5 秒后，自动销毁，具体代码如下。

```
public class Bullet : MonoBehaviour
{
    void Start ()
    {
        Destroy(gameObject,5);
    }
}
```

（5）将 Honey 对象拖到 Project 面板中，形成 Honey 预制体，这个预制体封装了上面的 Bullet.cs 脚本，再将 Hierarchy 面板中的 Honey 对象删除。

最后创建脚本 Shooting.cs 并将其挂载给 ObjectTarget 对象，这样只有在 3D 物体被识别到时才能激活射击功能，单击屏幕的时候会发射 Honey 对象，具体代码如下。

```
public class Shooting : MonoBehaviour
{
public GameObject bullet;//Honey 预制体
  public float force = 1500;//发射子弹时给子弹施加的力
    void Update ()
    {
    if (Input.touchCount == 1)  //检测到触屏操作
    {
        Touch touch = Input.touches[0];//检测用户触碰屏幕的第一个点
        if (touch.phase == TouchPhase.Began)  //检测触屏的瞬间
        {
```

```
        Ray ray = Camera.main.ScreenPointToRay(touch.position);//从屏幕
触碰点发出一条射线到 3D 世界（决定子弹飞行的方向）
        Vector3 WorldPos = Camera.main.ScreenToWorldPoint(touch.
position);//把屏幕触碰点坐标转成 3D 世界坐标（决定子弹出生的位置）
        GameObject go = GameObject.Instantiate(bullet,WorldPos,
Quaternion.identity);//创建子弹
        Rigidbody rig = go.transform.GetComponent<Rigidbody>();//获取子
弹上的刚体
        rig.AddForce(ray.direction * force);//给刚体施加力，让子弹飞
    }
  }
}
```

Shooting.cs 脚本中的公有变量 bullet 还没有被赋值，将 Project 面板中的 Honey 预制体赋给 bullet 变量，如图 4-19 所示。上面的脚本适合 Android 端，为便于测试，需要修改 Shooting.cs 脚本，使 PC 端和 Android 端都能测试。在 PC 端测试的时候，可以先手动激活 ObjectTarget 对象然后进行测试，如图 4-20 所示。

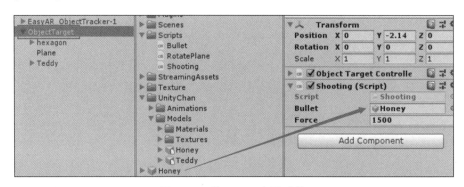

图 4-19　给 bullet 变量赋值

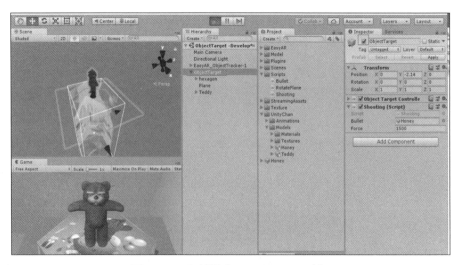

图 4-20　手动激活 ObjectTarget 对象

当识别到 3D 物体的时候，单击 Game 面板，屏幕会朝单击的位置生成 Honey 对象，效果如图 4-21 所示，具体代码如下。

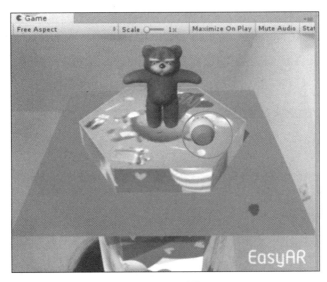

图 4-21　测试效果

```
public class Shooting : MonoBehaviour
{
  public GameObject bullet;//Honey 预制体
  public float force = 1500;//发射子弹时给子弹施加的力
    void Update ()
    {
    if (Input.GetButtonDown("Fire1"))
     {
      Ray ray = Camera.main.ScreenPointToRay(Input.mousePosition);
      Vector3 worldPos = Camera.main.ScreenToWorldPoint(Input.mousePosition);
      GameObject go = GameObject.Instantiate(bullet,worldPos,Quaternion.identity);
      Rigidbody rig = go.transform.GetComponent<Rigidbody>();
      rig.AddForce(ray.direction * force);
     }
   }
}
```

给识别的 3D 物体 hexagon:hexagon 添加网格碰撞器 Mesh Collider 组件，即选择 hexagon:hexagon 对象，在 Inspector 面板中单击 Add Component 按钮，选择 Mesh Collider。给 Teddy 对象添加盒子碰撞器 Box Collider，即选择 Teddy 对象，在 Inspector 面板中单击 Add Component 按钮，选择 Box Collider，并调整盒子碰撞器的大小，这样当 Honey 对象碰到识别到的物体和 Teddy 对象时也会产生真实的物理碰撞效果。

为 Teddy 对象添加动画状态机 TeddyController。

（1）创建动画状态机。Animator Controller 是用来配置和存储动画状态的，在 Project 面板中选择 Create→Animator Controller 命令，将 Animator Controller 更名为 TeddyController。在 Hierarchy 面板中选择 Teddy 对象，将动画状态机 TeddyController 赋给该对象中 Animator 组件的 Controller 属性，如图 4-22 所示。Animator 组件的具体属性列表如表 4-1 所示。

微课 25

添加动画状态机 TeddyController

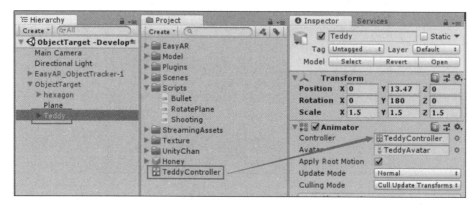

图 4-22 设置 Animator 组件的 Controller 属性

表 4-1 Animator 组件的具体属性列表

| 属性 | 说明 |
| --- | --- |
| Controller | 关联到该角色的 Animator Controller，即整合的动画状态机 |
| Avatar | 使用的 Avatar 文件，可以理解为 Avatar 是模型骨骼的映射文件 |
| Apply Root Motion | 使用动画本身还是使用脚本来控制角色的位置，有些动画是自带位移的 |
| Update Mode | 动画的更新模式 |
| Culling Mode | 动画的裁剪模式。Always Animate，表示即使摄像机看不见，也要进行动画播放的更新；Cull Update Transform，表示摄像机看不见时停止动画播放但是位置会继续更新；Cull Completely，表示摄像机看不见时停止动画的所有更新 |

双击动画状态机 TeddyController 进入 Animator 面板，新创建的 Animator Controller 都会自带以下 3 种动画状态。

Any State（任意状态）：这是一个始终存在的特殊状态。它应用于不管角色当前处于何种状态，都可以从当前状态进入另外一个指定状态的情形，这是一种为所有动画状态添加公共出口状态的便捷方法。

Entry（入口）：动画状态机的入口，当游戏启动时，会自动切换到 Entry 的下一个状态；第一个拖到 Animator 面板中的动画状态会默认连接到 Entry 上。可以在 Animator 面板中通过右击动画状态，选择 Set as Layer Default State 来更改其他 Entry 的过渡动画。

Exit（退出）：退出当前动画状态机。

要添加新的动画状态，可以在 Animator 面板的空白处右击，选择 Create State→Empty 命令；也可以将 Project 面板中的动画拖入 Animator 面板中，从而创建一个包含该动画片段的动画状态。

在 Project 面板中选择 UnityChan→Animations→unitychan-WAIT02→WAIT02，将 WAIT02 拖入动画状态机，此时运行程序，会发现在识别的物体上 Teddy 对象动起来了。

（2）设置 Animation Transitions（动画过渡）。动画过渡是指由一个动画状态过渡到另外一个动画状态时发生的行为事件。需要注意，在一个特定时刻只能进行一个动画过渡。两个动画的过渡连线可以在 Animator 面板中设置，右击其中一个动画状态，选择 Make Transition 命令，把线连到另一个动画状态上，单击两个动画状态之间的过渡线，即可在 Inspector 面板中查看动画过渡的属性。

在动画状态机 TeddyController 中再拖入 WAIT03，即在 Project 面板中选择 UnityChan→Animations→unitychan-WAIT03→WAIT03，将 WAIT03 拖入动画状态机 TeddyController，右击 WAIT02，选择 Make Transition 命令，将线连到 WAIT03，同时添加动作返回的过渡，右击 WAIT03，选择 Make Transition 命令，将线连到 WAIT02。同理，在动画状态机 TeddyController 中拖入 WAIT04，添加 Any State 到 WAIT04 的过渡，添加 WAIT03 到 WAIT04 的过渡，如图 4-23 所示。

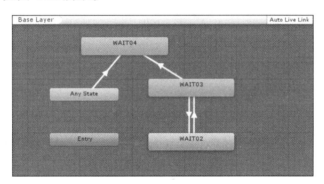

图 4-23　设置动画状态机 TeddyController

运行 ObjectTarget-Develop 场景会发现，识别到 3D 物体后，出现的 Teddy 对象执行完站立的动作后，执行表现开心的动作，表现开心的动作执行完之后又返回执行站立的动作。

下面使用代码控制角色的动画。

用代码控制角色的动画时，每个动画状态的转移都是在特定的条件下被触发的。通常开发者会通过编写脚本来实现这些特定条件。可以根据角色的状态或事件，通过编码逻辑来触发不同的动画转换。在 Animator 面板中开发者可以通过添加条件来定义状态之间的转换，选择任意一个 Transition 箭头，并在 Inspector 面板中找到动画状态转移的属性设置，如图 4-24 所示。

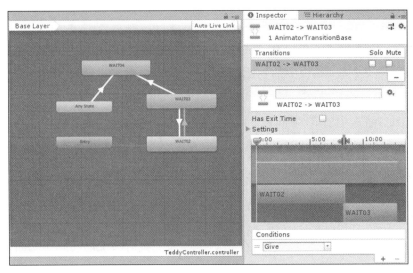

图 4-24　动画状态转移控制面板

Transitions：当前状态的过渡列表，通常指的是从一个状态或动画到另一个状态或动画的变化过程。这种变化可以是平滑的、渐进的，也可以是瞬间完成的，具体取决于设计需求和实现方式，它可能包含当前动画的上一个动画或过渡到的下一个动画。

Has Exit Time：当前的动画过渡不能被中断，即在上一个动画结束之前不能切换到下一个动画状态。

Conditions：动画过渡条件。一个 Conditions 包括一个事件参数、一个可选的条件和一个可选的参数值。可以通过拖动该面板的动画剪辑可视化图标（即拖动重叠区域的起始值和终止值）来调节两个动画的过渡动作情况。每个动画都有自己的属性和状态，选择动画后，可以更改它的属性。

接下来通过添加自定义参数，并使用代码控制参数值，进而触发下一个动画的效果。

（1）Animator 面板的左边有一个 Parameters 子栏，利用此子栏可以添加需要的参数，这些参数的类型可以是 Float、Int、Bool 和 Trigger。通过添加属性为脚本提供一个接口，可以通过脚本修改这些参数来控制动画状态的播放和转换。单击 Parameters 右下方的 按钮，并选择 Trigger 类型，为该动画状态机添加两个 Trigger 类型的参数，并将它们分别命名为 Give 和 Dance，如图 4-25 所示。

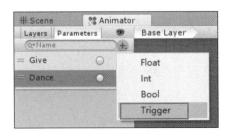

图 4-25　添加参数

（2）单击 WAIT02 到 WAIT03 的过渡箭头，在 Conditions 中，添加动画过渡条件 Give，取消勾选 Has Exit Time 复选框，这表示当 Give 触发时，立即触发状态转移，无须等待上一个动画执行完，即无须等待 WAIT02 的动作执行完，便立刻执行 WAIT03 的动作。如图 4-26 所示。同时，设置 Any State 到 WAIT04 的动画过渡条件为 Dance，WAIT03 到 WAIT04 的动画过渡条件为 Dance，取消勾选 Has Exit Time 复选框，这表示当 Dance 触发时，立刻执行 WAIT04 的动作。

图 4-26　动画过渡条件

（3）创建一个脚本 Teddy.cs 并将其挂载给 Teddy 对象，实现当识别到 3D 物体后，单击小熊会发送蜂蜜罐给小熊，小熊会执行表现开心的动画，当小熊收到 3 次及以上的蜂蜜罐时，就会开心地手舞足蹈，具体代码如下。

```csharp
public class Teddy : MonoBehaviour
{
  private Animator ani; // 动画组件
  private float HP = 0;//开心值
    void Start ()
    {
    ani = transform.GetComponent<Animator>();
    }
    void OnCollisionEnter(Collision col)
    {
    if (col.collider.name == "Honey(Clone)")
        {
        Destroy(col.gameObject);//蜂蜜罐碰到小熊直接销毁
        HP += 30;//加开心值
        ani.SetTrigger("Give");
        if (HP >= 90)
        {
            HP = 0;
```

```
            ani.SetTrigger("Dance");
        }
    }
}
```

## 4.4 高射炮打飞机

飞机虽然飞得快，但却惧怕地面上的高射炮，因为高射炮是飞机的克星。对于地面火炮来说，要想击中飞机，必须具有射击速度快、发射炮弹数量多的特性。而高射炮具有炮身长、炮弹初速度大、射击速度快、精准度高等特点，还能自动跟踪和瞄准空中飞行目标。此外，高射炮还具有连续发射的功能。因此，高射炮能轻而易举地击落飞机。

现代的自行高射炮的主要任务是与防空导弹配合，尽可能地减少防空死角，或者直接保护防空导弹。因为自行高射炮把搜索、炮瞄雷达和光电系统都集中在一辆车上，所以单车即可作战，战斗力还不弱，而且随着弹炮一体的防空武器系统的出现，一辆车上既有高射炮又有防空导弹，说明了高射炮暂时不能被替代。弹炮一体系统（包括高射炮和防空导弹）在防空领域的作用是多方面的，涵盖了不同类型的目标。防空导弹主要用于对抗高空目标，如战斗机、轰炸机和远程导弹等。它们通常具有远程射程、高速度和强大的爆炸威力，可以拦截和摧毁高空飞行的威胁目标。而高射炮则专注于拦截低空目标，如低空突防飞机、近距支援攻击机、低空无人机和敌方低空飞行的巡航导弹等。

下面利用 EasyAR 3D 物体跟踪制作一个高射炮打飞机的游戏，当识别到 3D 物体的时候出现高射炮并对游戏规则进行介绍。出现取色盘，根据采集到的色彩赋予子弹相应的颜色，开始游戏，飞机从四面八方飞来并不定时投射炸弹。单击高射炮向飞机投射炮弹，可以单发子弹也可以连续发射子弹，打中飞机，飞机血量会减少，直至飞机被炸毁（伴随坠毁爆炸特效），同时相应的界面会显示飞机数以及已销毁数量和游戏用时。

### 1. 项目准备

打开 Unity，新建一个项目，创建场景 AirDefense，导入 EasyAR SDK。选择菜单栏中的 Assets→Import Package→Custom Package…命令，选择从 EasyAR 官网下载的 SDK，并设置 License Key，设置场景中 Main Camera 的 Clear Flags 为 Solid Color。

在 Project 面板中将 EasyAR→Prefabs→Composites 目录下的 EasyAR_ObjectTracker-1 预制体拖到场景中，在 Project 面板中将 EasyAR→Prefabs→Primitives 目录下的 ObjectTarget 预制体拖到场景中。

在 Hierarchy 面板中创建 StreamingAssets 文件夹，该文件夹用于放置本地的识别对象信息。在 StreamingAssets 文件夹下创建一个 hexagon 文件夹，将 hexagon.obj、hexagon.mtl 和 hexagon.jpg 文件拖到 hexagon 文件夹下，作为跟踪的内容。

单击 ObjectTarget 预制体，设置 Source Typ 为 Obj File；设置 Obj Path 为 hexagon/hexagon.obj，即要跟踪的 OBJ 文件的路径；修改 Extra File Paths 的 Size 为 2，并添加另外两个文件的路径，即 hexagon/hexagon.jpg 和 hexagon/hexagon.mtl，设置 Name 为 hexago，设置 Scale 为 1，如图 4-27 所示。

图 4-27　ObjectTarget 预制体的属性设置

### 2. 制作子弹的预制体

导入资源包 AirDefense.unitypackage，将炮塔预制体 Base_MachineGun_L01、Turret_MachineGun_L01 以及地形 ground_01 拖到场景中，并取消勾选 ground_01 的 Mesh Renderer 组件，给地形添加标签 Ground。

创建一个 Sphere 作为子弹，并将其更名为 Bullet，设置子弹的标签为 Bullet，将子弹的碰撞器改为触发器，即勾选 Is Trigger 复选框。给子弹添加刚体组件 Rigidbody 和声音组件 Audio Source，并将声音 Weapon Placement 2 赋给 AudioClip，如图 4-28 和图 4-29 所示。

图 4-28　改为触发器并添加刚体

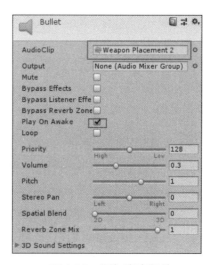

图 4-29　添加声音组件

创建脚本 Bullet.cs 并将其挂载给 Bullet，实现当子弹碰到地形时自我销毁并伴随爆炸的特效 gun_impact，具体代码如下。

```csharp
public class Bullet : MonoBehaviour
{
    public GameObject effect;
    void Start()
    {
        Destroy(gameObject, 10);
    }
    private void OnTriggerEnter(Collider other)
    {
        if (other.tag == "Ground")
        {
            GameObject ef = Instantiate(effect,transform.position,effect.transform.rotation);
            Destroy(ef,0.3f);
            Destroy(gameObject);
        }
    }
}
```

子弹特效赋值如图 4-30 所示，将制作好的子弹拖到 Project 面板中，形成子弹的预制体。

### 3．制作飞机预制体

将 AirPlane 游戏对象拖到场景中，给飞机添加 Slider，即在 Hierarchy 面板中右击 AirPlane 游戏对象，选择 UI→Slider 命令，添加的 Slider 用于显示飞机的血量。设置 Slider 的背景色（Background 属性）为红色，前景色（Fill 属性）为绿色，如图 4-31 所示。

图 4-30　子弹特效赋值

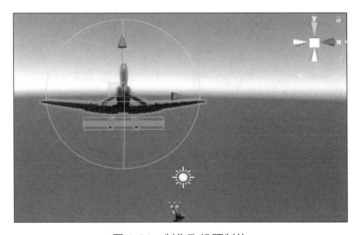

图 4-31　制作飞机预制体

给飞机添加球形触发器、刚体组件，创建脚本 Plane.cs 并将其挂载给 AirPlane，具体代码如下。

```csharp
using UnityEngine.UI;
public class Plane : MonoBehaviour
{
    public Slider selfHP;//血条
    private bool isBruise = false;
    private bool isDeath = false;
    public float flySpeed = 5;
    public Rigidbody selfRig;
    public MeshCollider selfCol;
    public GameObject exEffect;
    public GameObject bombPrefab;
    public Transform bombPos;
    public float shootTime = 5;
    private float lastShootTime;
    private void Start()
    {
        lastShootTime = shootTime;
    }
    void Update()
    {
        transform.Translate(Vector3.up * Time.deltaTime * flySpeed);
        if (isDeath)
        {
            transform.localEulerAngles += new Vector3(-50,0,0) * Time.deltaTime;
        }
        if (shootTime > 0)
        {
            shootTime -= Time.deltaTime;
        }
        else
        {
            Instantiate(bombPrefab,bombPos.position,bombPrefab.transform.rotation);
            shootTime = lastShootTime;
        }
    }
    private void OnTriggerEnter(Collider other)
    {
        if (other.tag == "Bullet" && !isDeath)
        {
            if (isBruise == false)
```

```
        {
            selfHP.transform.parent.gameObject.SetActive(true);
            isBruise = true;
        }
        selfHP.value -= 0.1f;
        if (selfHP.value <= 0)
        {
            //坠机
            isDeath = true;
            Destroy(selfCol);
            selfRig.isKinematic = false;
        }
        Destroy(other.gameObject);
    }
    if (other.tag == "Ground")
    {
        GameObject ex = Instantiate(exEffect,transform.position,exEffect.transform.rotation);
        Destroy(ex,2);
        Destroy(gameObject);
    }
}
private void OnDestroy()
{
    if (ScoreMgr.Instance)
    {
        ScoreMgr.Instance.SetScore();
    }
}
}
```

脚本 Plane.cs 中有未被赋值的公有变量,在 Inspector 面板中为这些变量赋值,如图 4-32 所示,将做好的飞机拖到 Project 面板中,形成飞机的预制体。

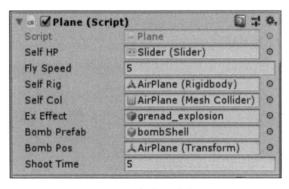

图 4-32 为变量赋值 1

### 4. 实现随机生成飞机的功能

创建一个 Cube，并将其命名为 AirPlaneBorn，作为飞机的生成地，为其设置合适的位置和大小，并取消勾选 Mesh Renderer 组件和 Box Collider 组件，同时取消激活 AirPlaneBorn，等开始游戏的时候再通过脚本激活。创建一个空物体 PlaneObject，并将其作为生成飞机的父物体。接下来创建脚本 AirBorn.cs 并将其挂载给 AirPlaneBorn，实现随机生成飞机的功能，具体代码如下。

```
public class AirBorn : MonoBehaviour
{
  public GameObject planePrefab;//飞机预制体
  public MeshRenderer spawnRange;//生成范围
  public float spawnTime = 3;
  private float lastSpawnTime;
  public Transform planes;//生成飞机的父物体
  private void Start()
  {
     lastSpawnTime = spawnTime;
     spawnTime = 0;
  }
  void Update()
  {
     if (spawnTime > 0)
     {
        spawnTime -= Time.deltaTime;
     }
     else
     {
        Spawn();
        spawnTime = lastSpawnTime;
     }
  }
  public void Spawn()
  {
     #region//随机生成飞机的三维区域赋值
     float minx = spawnRange.bounds.min.x;
     float miny = spawnRange.bounds.min.y;
     float minz = spawnRange.bounds.min.z;
     float maxx = spawnRange.bounds.max.x;
     float maxy = spawnRange.bounds.max.y;
     float maxz = spawnRange.bounds.max.z;
     #endregion
     Vector3 pos = new Vector3(Random.Range(minx,maxx),Random.Range(miny,
```

```
maxy),Random.Range(minz,maxz));
    Instantiate(planePrefab,pos,planePrefab.transform.rotation,planes);
  }
}
```

### 5. 制作开始界面

创建一个 Image，并将其命名为 BeginImg，赋予合适的纹理。在 BeginImg 下创建一个 Text，即右击 BeginImg 游戏对象，选择 UI→Text 命令，将新建的 Text 命名为 BeginTxt，内容设置为玩家通过触碰屏幕发射子弹，努力取得好成绩吧。在 BeginImg 下创建一个 Button，即右击 BeginImg 游戏对象，选择 UI→Button 命令，将新建的 Button 命名为 ContinueBtn，更改它的 Text 为继续，如图 4-33 所示。先取消激活 ContinueBtn，给 BeginTxt 挂载脚本 UIMgr.cs，实现打字机效果的游戏介绍之后，显示继续按钮，具体代码如下。接下来为 UIMgr 变量赋值，如图 4-34 所示。

```
using UnityEngine.UI;
using UnityEngine.Events;
public class UIMgr : MonoBehaviour
{
  public UIType _UIType;
  public Text selfTxt;
  public float time = 60;
  public UnityEvent nextEvent;
  IEnumerator Start()
  {
    switch (_UIType)
    {
      case UIType.Typing:
        string txt = selfTxt.text;
        selfTxt.text = "";
        for (int i = 0; i < txt.Length; i++)
        {
          selfTxt.color = Color.green;
          selfTxt.text += "<color=#00FF00>" + txt[i] + "</color>";
          yield return new WaitForSeconds(5f / txt.Length);
          selfTxt.text = "";
          for (int j = 0; j < i+1; j++)
          {
            selfTxt.text += "<color=#FFFFFF>" + txt[j] + "</color>";
          }
        }
        nextEvent.Invoke();
        break;
    }
```

```csharp
    }
    void Update()
    {
        switch (_UIType)
        {
            case UIType.GameOverTime:
                if (time > 0)
                {
                    time -= Time.deltaTime;
                    int t = (int)time;
                    selfTxt.text = "倒计时: " + t;
                }
                else
                {
                    nextEvent.Invoke();
                }
                break;
        }
    }
    public enum UIType
    {
        GameOverTime,
        Typing
    }
}
```

图 4-33 开始界面

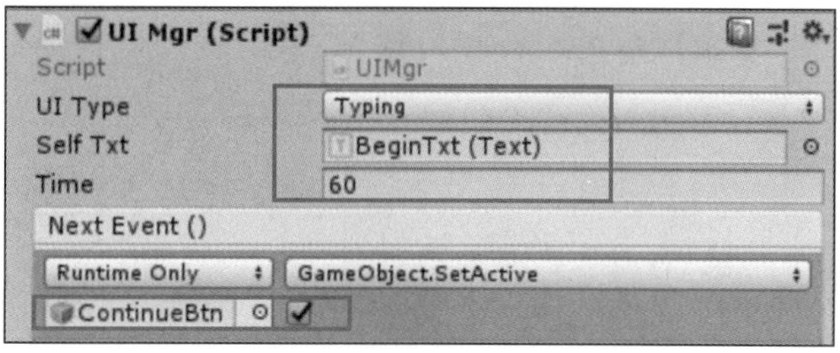

图 4-34 为变量赋值 2

### 6. 制作取色盘界面

创建一个 Image,并将其命名为 BulletColor,并赋予合适的纹理。在 BulletColor 下创建一个 Image,并将其命名为 LocationPoint,使其用于取色,给它添加 Box Collider 组件,如图 4-35 所示。在 BulletColor 下创建一个空物体 BackOne,并为其添加 Box Collider 组件,使该组件作为触发器。在 BulletColor 下创建一个 Button,并将其命名为 BeginBtn。创建脚本 GetColor.cs 并将其挂载给 BackOne,实现在取色盘上取色,具体代码如下。接下来为 GetColor 变量赋值,如图 4-36 所示。

```csharp
public class GetColor : MonoBehaviour
{
    public Transform location;//定位取色盘的点
    private bool isClick = false;
    public float maxDis = 0.182f;
    public float minDis = 0.115f;
    public Material setMat;//取色点（小圆）的材质
    void Update()
    {
        #region //控制小圆在取色盘中的移动
        Ray ray = Camera.main.ScreenPointToRay(Input.mousePosition);
        RaycastHit hit;
        if (Physics.Raycast(ray,out hit))
        {
            if (hit.collider.tag == "LocationBack")
            {
                if (Input.GetMouseButtonDown(0) )
                {
                    float dis = Vector3.Distance(transform.position,hit.point);
//鼠标指针与取色盘圆心的距离
                    if (dis <= maxDis && dis >= minDis)
                    {
                        isClick = true;
                    }
                }
            }
            if (hit.collider.tag == "Location")
            {
                if (Input.GetMouseButtonDown(0))
                {
                    isClick = true;
                }
            }
            if (Input.GetMouseButton(0) && isClick)
```

```csharp
        {
            Vector3 pos = new Vector3(hit.point.x,hit.point.y,transform.position.z);
            location.position = pos;
            Vector3 dir = (location.position - transform.position).normalized;
            location.position = transform.position + dir * ((maxDis - minDis) / 2 + minDis);
        }
        if (Input.GetMouseButtonUp(0) && isClick)
        {
            isClick = false;
        }
    }
    #endregion
    Vector3 dr = (location.position - transform.position).normalized;
    float ang = Vector3.Angle(transform.right,dr);
    if (location.localPosition.y > 0)
    {
        if (ang <= 60)
        {
            float colorNumber = ang / 60;
            setMat.color = new Color(1,colorNumber,0);
        }
        else if (ang > 60 && ang <= 120)
        {
            float colorNumber = 1 - ((ang - 60) / 60);
            setMat.color = new Color(colorNumber,1,0);
        }
        else if (ang > 120 && ang <= 180)
        {
            float colorNumber = (ang - 120) / 60;
            setMat.color = new Color(0,1,colorNumber);
        }
    }
    else
    {
        if (ang <= 60)
        {
            float colorNumber = ang / 60;
            setMat.color = new Color(1,0,colorNumber);
        }
        else if (ang > 60 && ang <= 120)
        {
            float colorNumber = 1 - ((ang - 60) / 60);
```

```
                setMat.color = new Color(colorNumber,0,1);
            }
            else if (ang > 120 && ang <= 180)
            {
                float colorNumber = (ang - 120) / 60;
                setMat.color = new Color(0,colorNumber,1);
            }
        }
    }
}
```

图 4-35　BulletColor 界面

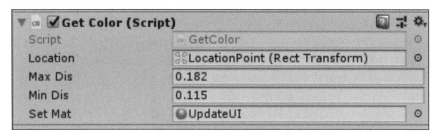

图 4-36　为变量赋值 3

### 7．制作计分界面

创建一个 Text，并将其命名为 Score，内容设置为击败敌人数：00/10，给 Score 挂载脚本 ScoreMgr.cs，实现统计击落飞机数量的功能，具体代码如下。

```
using UnityEngine.UI;
public class ScoreMgr : MonoBehaviour
{
    public static ScoreMgr Instance;
    public Text selfTxt;
    public int scoreCount = 0;
```

```csharp
void Awake()
{
    Instance = this;
}
public void SetScore()
{
    scoreCount++;
    selfTxt.text = "击败敌人数: " + scoreCount + "/10";
}
}
```

### 8. 制作倒计时界面

创建一个 Text，并将其命名为 OverTime，内容设置为倒计时：60，给 OverTime 挂载脚本 UIMgr.cs，实现游戏倒计时的功能，具体代码如下。接下来为 UIMgr 变量赋值，如图 4-37 所示。

```csharp
using UnityEngine.UI;
using UnityEngine.Events;
public class UIMgr : MonoBehaviour
{
    public UIType _UIType;
    public Text selfTxt;
    public float time = 60;
    public UnityEvent nextEvent;
    IEnumerator Start()
    {
        switch (_UIType)
        {
            case UIType.Typing:
                string txt = selfTxt.text;
                selfTxt.text = "";
                for (int i = 0; i < txt.Length; i++)
                {
                    selfTxt.color = Color.green;
                    selfTxt.text += "<color=#00FF00>" + txt[i] + "</color>";
                    yield return new WaitForSeconds(5f / txt.Length);
                    selfTxt.text = "";
                    for (int j = 0; j < i+1; j++)
                    {
                        selfTxt.text += "<color=#FFFFFF>" + txt[j] + "</color>";
                    }
                }
                nextEvent.Invoke();
                break;
```

```
        }
    }
    void Update()
    {
        switch (_UIType)
        {
            case UIType.GameOverTime:
                if (time > 0)
                {
                    time -= Time.deltaTime;
                    int t = (int)time;
                    selfTxt.text = "倒计时: " + t;
                }
                else
                {
                    nextEvent.Invoke();
                }
                break;
        }
    }
public enum UIType
{
    GameOverTime,
    Typing
}
```

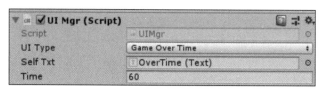

图 4-37　为变量赋值 4

### 9. 制作游戏胜利界面

创建一个 Image，并将其命名为 WinImg，在 WinImg 下创建一个 Text，并将其内容设置为恭喜你完成了挑战。在 WinImg 下创建一个 Button，并将其命名为 RestartBtn，内容设置为重新开始，如图 4-38 所示。创建一个空物体 SceneMgr 并为其挂载脚本 SceneMGR.cs，实现重新加载游戏的功能，具体代码如下。

```
using UnityEngine.SceneManagement;
public class SceneMgr : MonoBehaviour
{
    public void LoadScene(int index)
    {
```

```
    SceneManager.LoadScene(index);
  }
}
```

给 RestartBtn 按钮添加监听事件，即选择 RestartBtn 按钮，在 Inspector 面板的 OnClick() 事件中，添加 SceneMgr 对象的 SceneMgr.LoadScene 事件，如图 4-39 所示。

图 4-38　游戏胜利界面　　　　图 4-39　为 RestartBtn 按钮添加监听事件

### 10．制作游戏失败界面

创建一个 Image，并将其命名为 FailImg，在 FailImg 下创建一个 Text，并将其内容设置为很遗憾，你失败了。在 FailImg 下创建一个 Button，并将其命名为 RestartBtn，内容设置为重新开始，如图 4-40 所示。同理，给 RestartBtn 按钮添加监听事件，如图 4-43 所示。

图 4-40　游戏失败界面

### 11．添加监听

给 ContinueBtn 和 BeginBtn 按钮分别添加监听事件，如图 4-41 和图 4-42 所示，运行场景 AirDefense，当识别到实物，开始游戏，效果如图 4-43 所示。

图 4-41  为 ContinueBtn 按钮添加监听事件

图 4-42  为 BeginBtn 按钮添加监听事件

图 4-43  运行效果

## 【单元小结】

本单元主要对 EasyAR3D 物体跟踪进行介绍，结合舞动的小熊和高射炮打飞机这两个任务，帮助读者学会跟踪 3D 物体，动态加载模型，实现 AR 交互。

## 【单元习题】

基于 EasyAR 实现扫描到烟花盒子时烟花绽放的效果。

# 单元 ❺　EasyAR 表面跟踪

## 【教学导航】

EasyAR 表面跟踪（Surface Tracking）是允许开发者实现轻量级的持续跟踪设备相对于空间中选定表面点的位置和姿态的功能，可用于小型 AR 交互游戏、AR 短视频拍摄以及产品放置展示等场景。与 EasyAR 运动跟踪（Motion Tracking）相比，表面跟踪无须初始化且支持更多机型。

EasyAR 表面跟踪的世界坐标系和相机坐标系都采用右手坐标系，即 $y$ 轴向上，$z$ 轴指向屏幕观测者，$x$ 轴指向屏幕观测者的右侧。

为了在现实空间和虚拟空间之间建立对应关系，EasyAR 表面跟踪需要利用相机和惯性测量单元的数据。EasyAR 表面跟踪识别相机所拍摄图像中的重要特征，使用连续视频帧和惯性测量单元数据跟踪这些特征的位置。虚拟物体被放置在相应特征点的位置并持续跟踪。启动时虚拟物体默认被放置在屏幕中间附近的特征点表面，并将虚拟物体的位置视为世界坐标系的原点。在移动设备期间，相机所拍摄图像中的特征深度不断更新，虚拟物体持续贴合在相应的特征点表面。如果虚拟物体对应的特征点丢失，系统自动选择新的特征点并输出设备相对于该特征点的位置和姿态，注意在这种情况下可能会导致虚拟物体的位置发生偏移。

EasyAR 表面跟踪的最佳体验和限制如下。

（1）只能放置一个虚拟物体，且虚拟物体的底部要放置在坐标原点。

（2）运行设备应包括相机、加速度计和陀螺仪。

（3）CPU 达到或超过 Snapdragon 410 的计算能力。

EasyAR 表面跟踪的基本结构如图 5-1 所示。

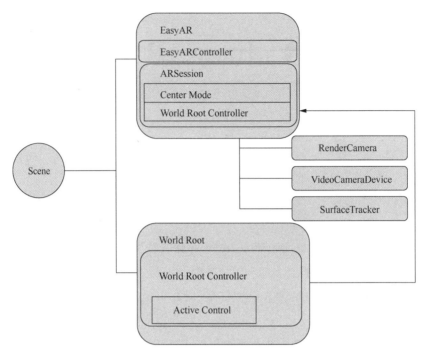

图 5-1　EasyAR 表面跟踪的基本结构

## 【支撑知识】

### 5.1　EasyAR_SurfaceTracker

EasyAR_SurfaceTracker 是 EasyAR 中的一个功能模块，在增强现实应用程序中用于实现平面检测和跟踪，它可以识别和跟踪平面，可以在游戏场景、室内导航等方面使用，使增强现实应用程序的效果更加真实。

使用 EasyAR_SurfaceTracker 的基本流程如下。

（1）创建 SurfaceTracker 对象：使用 SurfaceTracker 构造函数创建一个 SurfaceTracker 对象。

（2）配置 SurfaceTracker 参数：通过设置 SurfaceTracker 的一些参数，如 Plane Detection Resolution（平面检测分辨率）等，对 SurfaceTracker 进行配置。

（3）开始跟踪：使用 SurfaceTracker 中的 Start 方法来启动平面识别和跟踪，EasyAR 将开始处理和识别图像，并返回识别结果。

（4）处理跟踪结果：在每次识别到平面后，EasyAR 会回调 SurfaceTracker 的 OnTracking 方法，并返回平面的相关信息。

（5）停止跟踪：通过调用 SurfaceTracker 的 Stop 方法停止目标跟踪。

（6）释放资源：通过调用 SurfaceTracker 的 Dispose 方法释放 SurfaceTracker 对象和资源。

## 5.2 World Root

EasyAR 中的 World Root，也称为世界根节点，是 EasyAR 中的一个核心概念和节点对象。在 EasyAR 中，世界坐标系是以 World Root 为基准的，也就是说，所有虚拟物体的位置、旋转、缩放都以 World Root 为参照物。

可以将 World Root 看作一个参考空间，它是所有虚拟物体的核心节点。当我们需要将一个虚拟对象映射到现实环境中时，需要确定该虚拟对象的位置、旋转和缩放情况，这就需要使用 World Root 来确定其坐标系。

World Root 在 EasyAR 中非常重要，它决定了所有虚拟对象的参照系。开发应用时需要注意以下几点。

- World Root 的位置和旋转应该和现实环境尽可能接近，以避免增强现实效果不真实。
- 建议将 World Root 放置在场景中心，并考虑虚拟物体的缩放比例，以保证数据的精确度和真实性。
- 在使用 World Root 时，可以在代码中调用 EasyAR 提供的不同变换函数来调整虚拟物体的位置、旋转和缩放，以更好地控制实际展示效果。

## 【单元任务】

知识目标：掌握 EasyAR 表面跟踪。
技能目标：跟踪表面，动态加载模型，实现 AR 交互。
素养目标：提升防流感知识水平。

## 5.3 防流感

微课 26
EasyAR 表面跟踪

预防、控制和消灭流感应讲究策略，对于防流感，我们在日常生活中应该做到以下几点。

- 避免去疾病正在流行的区域。
- 减少到人员密集的公共场所活动，尤其空气流动性差的地方。
- 居室保持清洁，勤开窗，经常通风。
- 随时保持手卫生。减少接触公共场所的公共物品和部位；从公共场所回家后、咳嗽用手捂口鼻之后、饭前便后，用洗手液、香皂水或者含酒精成分的免洗洗手液洗手；避免用手接触口、鼻、眼；打喷嚏或咳嗽时用手肘处的衣服遮住口鼻。
- 保持良好的卫生和健康习惯。家庭成员不共用毛巾，保持家具、餐具清洁，勤晒衣被。不随地吐痰，口鼻分泌物用纸巾包好丢于垃圾桶内，注意饮食营养，勤运动。

- 主动做好个人及家庭成员的健康监测。

下面就用表面跟踪做一个简单的防流感游戏案例，实现当手机扫描到平面时，可以看到空气中的流感病毒，单击屏幕，向病毒发射酒精棉签，减少病毒。

新建一个场景 SurfaceTracker，配置好 EasyAR 的 License Key，设置场景中 Main Camera 的 Clear Flags 为 Solid Color。将 Project 面板中 EasyAR→Prefabs→Composites 目录下的 EasyAR_SurfaceTracker 预制体拖到 Hierarchy 面板中，将 Project 面板中 EasyAR→Prefabs→Primitives 目录下的 WorldRoot 预制体也拖到 Hierarchy 面板中，如图 5-2 所示。

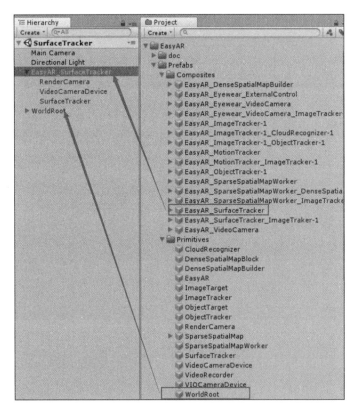

图 5-2　添加预制体

选中 EasyAR_SurfaceTracker 对象，将 WorldRoot 对象拖到 EasyAR_SurfaceTracker 对象的 World Root Controller 中，如图 5-3 所示。

导入资源包 fangliugan.unitypackage，将 Project 面板中 fangliugan 文件夹下的棉签拖到场景中，给棉签添加刚体组件 Rigidbody 和盒子碰撞器 Box Collider，并给棉签挂载脚本 Bullet.cs，实现当投出棉签 5 秒后，棉签自动被销毁，具体代码如下。

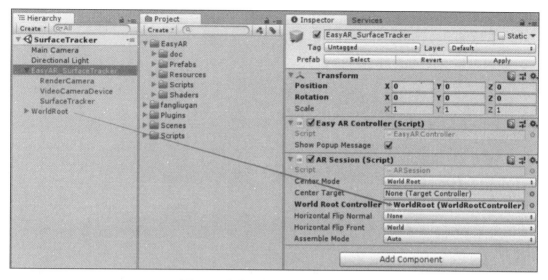

图 5-3 设置 World Root Controller

```
public class Bullet : MonoBehaviour
{
    void Start ()
    {
        Destroy(gameObject,5);
    }
}
```

将棉签拖到 Project 面板中,形成棉签预制体。

将 Project 面板中 fangliugan 文件夹下的 virus 拖到场景中,给 virus 添加刚体组件 Rigidbody 和盒子碰撞器 Box Collider,并给 virus 挂载脚本 Virus.cs,实现当病毒遇到酒精棉签的时候被消灭,具体代码如下。

```
public class Virus : MonoBehaviour
{
    void OnCollisionEnter(Collision col)
    {
        if (col.collider.name == "棉签(Clone)")
        {
            Destroy(col.gameObject);
            Destroy(gameObject);
        }
    }
}
```

将 virus 拖到 Project 面板中,形成 virus 预制体。

在 WorldRoot 下创建一个 Plane,即右击 WorldRoot,选择 3D Object→Plane 命令,取消勾选 Mesh Renderer 组件。拖几个 virus 预制体到 Plane 下,场景如图 5-4 所示。

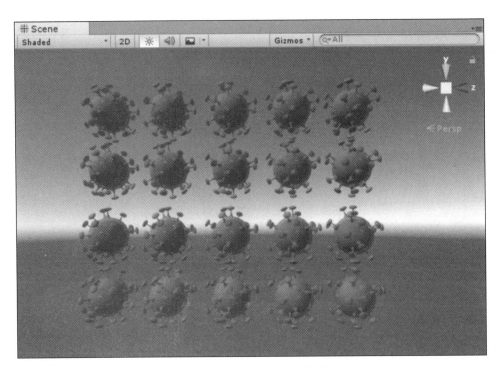

图 5-4 SurfaceTracker 场景

给 Plane 挂载脚本 Shooting.cs，实现识别到平面的时候出现病毒，单击病毒的时候会朝手指点击的屏幕位置发射酒精棉签，然后病毒消失，具体代码如下。

```
public class Shooting : MonoBehaviour
{
  public GameObject bullet;//棉签预制体
  public float force = 1500;//发射棉签时给棉签加的力
    void Update ()
    {
      if (Input.GetButtonDown("Fire1"))
       {
         Ray ray = Camera.main.ScreenPointToRay(Input.mousePosition);
         Vector3 worldPos = Camera.main.ScreenToWorldPoint(Input.mousePosition);
         GameObject go = GameObject.Instantiate(bullet,worldPos,Quaternion.identity*Quaternion.Euler(0,90,0));
         Rigidbody rig = go.transform.GetComponent<Rigidbody>();
         rig.AddForce(ray.direction * force);
       }
    }
}
```

给代码中未赋值的公共变量 bullet 赋值，即将棉签预制体赋给 Bullet，如图 5-5 所示。运行 SurfaceTracker 场景，效果如图 5-6 所示。

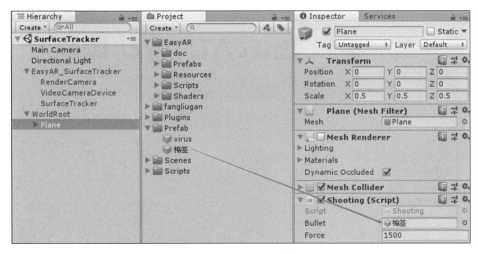

图 5-5　为变量赋值

图 5-6　程序运行效果

## 【单元小结】

本单元主要对 EasyAR 表面跟踪进行介绍，结合防流感案例带领读者通过动态加载模型实现简单的 AR 交互。

## 【单元习题】

在 Unity 中创建标准几何体 Cube，利用 EasyAR 表面跟踪实现扫描现实环境，识别后出现自转方块的效果。

# 单元 ❻　EasyAR 运动跟踪

## 【教学导航】

EasyAR 运动跟踪（Motion Tracking）用于持续追踪设备在三维空间中的 6 自由度 [ 三个轴上的位移（$x$、$y$、$z$）以及旋转（roll、pitch、yaw）] 位置和姿态，可用于 AR 展示、AR 游戏、AR 视频或拍照等。

通过 EasyAR 运动跟踪，可将虚拟物体和现实场景及时对齐到同一坐标系，给人虚拟内容和现实场景融合在一起的感受。如果有持久化 AR 需求，建议配合 EasyAR 稀疏空间地图使用。如果有遮挡碰撞需求，建议配合 EasyAR 稠密空间地图使用。

EasyAR 运动跟踪中的世界坐标系和相机坐标系都采用右手坐标系，$y$ 轴向上，$z$ 轴指向屏幕观测者，$x$ 轴指向屏幕观测者的右侧。

EasyAR 运动跟踪通过视觉惯性同步定位和建图（Visual-Inertial Simultaneous Localization and Mapping，VISLAM）技术，结合视觉和惯性传感器（如相机和陀螺仪/加速度计）的数据，计算设备在真实空间中的位置和方向。在设备移动的过程中，通过识别相机所拍摄图像中的显著特征点并跟踪其位置变化，结合设备的 IMU 数据信息，实时计算当前设备相对于现实世界的位置和姿态。

EasyAR 运动跟踪对设备有要求，官方给出了设备支持列表。与表面跟踪相比，尽管运动跟踪对设备要求比较高，但是实现的跟踪效果好很多，而且没有虚拟物体限制。实际应用中，更推荐使用运动跟踪。

微课 27

EasyAR 运动跟踪

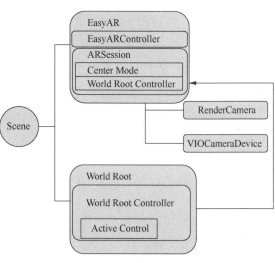

图 6-1　EasyAR 运动跟踪的基本结构

EasyAR 运动跟踪的基本结构如图 6-1 所示。

## 【支撑知识】

### 6.1 EasyAR_MotionTracker

EasyAR_MotionTracker 是 EasyAR 的一个功能模块，用于在增强现实应用程序中实现运动跟踪。它可以实时监测相机的运动，包括位置和方向，并根据运动参数来调整虚拟物体或场景的方向，以保持相对位置和方向不变，从而实现更加真实的物理效果。

使用 EasyAR_MotionTracker 的基本流程如下。

（1）创建 MotionTracker 对象：使用 MotionTracker 构造函数创建一个 MotionTracker 对象。

（2）配置 MotionTracker 参数：通过设置 MotionTracker 的一些参数，如 Lighting Estimation Method（光线估计方法）、Gravity Direction（重力方向）、Rotation Speed（旋转速度）等，对 MotionTracker 进行配置。

（3）开始跟踪：使用 MotionTracker 中的 Start 方法来启动运动跟踪，EasyAR 将开始处理和识别相机的运动，并返回识别结果。

（4）处理跟踪结果：在每次识别到相机运动后，EasyAR 会回调 MotionTracker 的 OnTracking 方法，并返回相机的位置和方向信息。EasyAR 可以在此事件中进行相关的处理，例如调整虚拟模型或场景的位置和方向，以保持相对位置和方向不变。

（5）停止跟踪：通过调用 MotionTracker 的 Stop 方法停止运动跟踪。

（6）释放资源：通过调用 MotionTracker 的 Dispose 方法释放 MotionTracker 对象和资源。

完成以上流程，就可以使用 EasyAR_MotionTracker 实现运动跟踪了。在开发增强现实应用程序时，MotionTracker 是非常重要的一个模块，可以帮助开发人员实现基础的视觉处理，从而实现增强现实效果。

## 【单元任务】

知识目标：掌握 EasyAR 运动跟踪。

技能目标：进行 EasyAR 运动跟踪，动态加载模型，实现 AR 交互。

素养目标：养成垃圾分类习惯，提高文明素养。

### 6.2 垃圾分类

垃圾分类是垃圾终端处理设施运转的基础，实施生活垃圾分类，可以有效改善城乡环境，促进资源回收利用。应在生活垃圾科学、合理分类的基础上，对应开展生活垃圾分类配套体系建设，建立与垃圾分类配套的收运体系，建立与再生资源利用协调的回收体系，完善与垃圾分类衔接的终端处理设施，以确保分类收运、回收、利用和处理设施相互衔接。只有做好垃圾分类，垃圾回收和处理等配套系统才能更高效地运转。垃圾分类处理关系到资源节约型、环境友好型社会的建设，有利于我国新型城镇化质量和生态文明建设水平的进一步提高。

结合垃圾的资源利用和处理方式来进行分类，垃圾可分为可回收物、厨余垃圾、有害垃圾和其他垃圾。

接下来用运动跟踪做一个垃圾分类的游戏案例，实现随机生成垃圾，利用鼠标拖曳垃圾并对垃圾进行分类，分类正确会得分，分类错误将重新加载游戏，直至所有垃圾都正确分类，出现游戏胜利的界面。

### 6.2.1 搭建场景

新建一个场景 MotionTracker，配置好 EasyAR 的 License Key，设置场景中 Main Camera 的 Clear Flags 为 Solid Color。将 Project 面板中 EasyAR→Prefabs→Composites 目录下的 EasyAR_MotionTracker 预制体拖到 Hierarchy 面板中，将 Project 面板中 EasyAR→Prefabs→Primitives 目录下的 WorldRoot 预制体也拖到 Hierarchy 面板中，如图 6-2 所示。

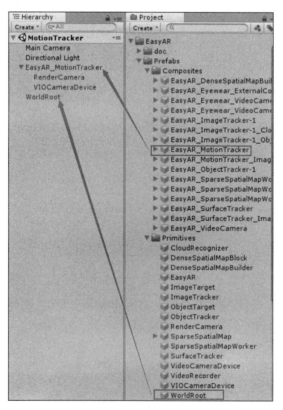

图 6-2　添加预制体

选择 EasyAR_MotionTracker 对象，将 WorldRoot 对象拖到 EasyAR_MotionTracker 对象的 World Root Controller 中，如图 6-3 所示。

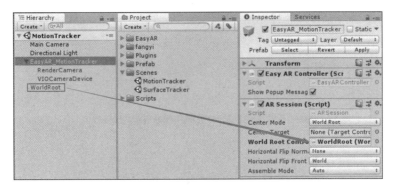

图 6-3　设置 World Root Controller

导入资源包 Lajifenlei.unitypackage，为便于 PC 端的测试，先将 EasyAR 的预制体禁用，再创建一个空物体 Game，搭建简易的场景，将场景中需要的游戏对象放置在 Game 下，并将 Game 的 Layer 层设置为第 9 层 mask，如图 6-4 所示。

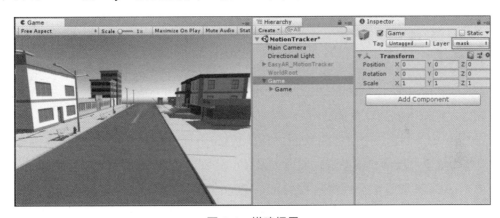

图 6-4　搭建场景

在 Game 下创建一个空物体 PlaceArea，用于设置垃圾桶的可放置区域。在 PlaceArea 下创建 4 个 Plane，并将它们分别命名为 red、blue、yellow 和 green，将标签设置为 PlaceArea，如图 6-5 所示。

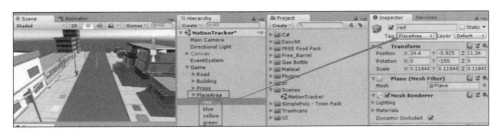

图 6-5　添加垃圾桶可放置区域

### 6.2.2 创建界面

#### 1. 制作游戏开始界面

微课 28

创建界面

创建空物体 BeginUI，在 BeginUI 下创建一个 Image，并将其命名为 BeginImg，设置 ImageSource 为 begin.jpg。再在 BeginUI 下创建一个 Button，并将其命名为 BeginBtn，设置它的内容为开始游戏，界面效果如图 6-6 所示。

图 6-6　游戏开始界面

#### 2. 制作放置垃圾桶界面

先取消激活 BeginUI，在 Canvas 下创建一个空物体 Can，并在 Can 下创建 4 个 Image，并将它们分别命名为 RecyclableUI、HazardousUI、FoodUI、ResidualUI。这些 Image 用于存放通过拖曳生成的垃圾桶，然后对它们分别赋予相应的纹理。

在 Canvas 下创建一个空物体 Place，并在 Place 下创建一个 Button，命名为 PlaceBtn，内容设置为放置垃圾桶，用于将垃圾桶放置在可放置区域。

在 Canvas 下创建一个空物体 Produce，在 Produce 下创建一个 Button，并将其命名为 ProBtn，该 Button 用于生成垃圾。创建一个 Text，并将其命名为 ScoreTxt，该 Text 用于记录玩家的得分，界面效果如图 6-7 所示。

图 6-7　放置垃圾桶界面

### 3. 制作垃圾分类失败界面

先取消激活 Can、Place 和 Produce，在 Canvas 下创建一个空物体 EndUI，在 EndUI 下创建一个 Image，将其命名为 EndImg，并赋予合适的纹理。

在 EnduUI 下创建一个 Button，将其命名为 RestartBtn，内容设置为重新分类，该 Button 用于实现重新开始游戏的功能，界面效果如图 6-8 所示。

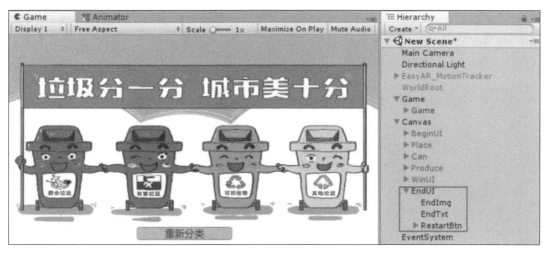

图 6-8　垃圾分类失败界面

### 4. 制作垃圾分类成功界面

先取消激活 EndUI，在 Canvas 下创建一个空物体 WinUI，在 WinUI 下创建一个 Image，将其命名为 WinImg，创建一个 Text，将其内容设置为分类成功，界面效果如图 6-9 所示。

图 6-9　垃圾分类成功界面

5. 制作垃圾场景

在 Project 面板中创建一个空物体 Trash，将垃圾拖到 Trash 下，适当调整它们的位置，将 Trash 的 Layer 层设置为第 10 层 mask2 并取消激活 Trash。

### 6.2.3 实现垃圾分类功能

1. 实现界面跳转

取消激活 WinUI，激活 BeginUI，创建脚本 UI.cs 并将其挂载给 Canvas，实现各个界面之间的跳转，具体代码如下。

```
using UnityEngine;
using UnityEngine.UI;
using UnityEngine.SceneManagement;
public class UI : MonoBehaviour
{
  public static UI instance;//单例
  public GameObject BeginUI;
  public GameObject Can;
  public GameObject Place;
  public GameObject Game;
  public GameObject Trash;
  public GameObject Produce;
  public GameObject EndUI;
  public GameObject WinUI;
  public Button BeginBtn;
  public Button PlaceBtn;
  public Button ProBtn;
  public Button RestartBtn;
  public Text scoreTxt;//分数
  private int totalSocore = 0;//玩家的总分数
  private void Awake()
  {
    //给命令按钮添加监听事件
    instance = this;
    BeginBtn.onClick.AddListener(BeginCall);
    PlaceBtn.onClick.AddListener(PlaceCall);
    ProBtn.onClick.AddListener(ProCall);
    RestartBtn.onClick.AddListener(RestartCall);
  }
  //开始游戏
  void BeginCall()
```

```
{
    BeginUI.SetActive(false);
    Game.SetActive(true);
    Place.SetActive(true);
}
//放置垃圾桶
void PlaceCall()
{
    Can.SetActive(true);
    Place.SetActive(false);
    Produce.SetActive(true);
}
//生成垃圾
void ProCall()
{
    Trash.SetActive(true);
    Can.SetActive(false);
    Produce.SetActive(false );
}
//重新开始游戏
void RestartCall()
{
    SceneManager.LoadScene(0);
}
//添加分数
public void Score(int s)
{
    totalSocore += s;//累加分数
    scoreTxt.text = "分数: " + totalSocore;
    if (totalSocore<0)
    {
        EndUI.SetActive(true);
    }
    if (totalSocore >=100)
    {
        WinUI.SetActive(true);
    }
}
}
```

为变量赋值，如图 6-10 所示。

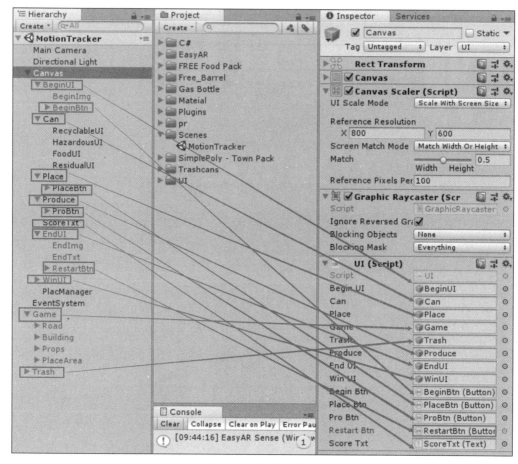

图 6-10 为变量赋值

### 2. 实现拖曳图标生成相应的垃圾桶并跟随鼠标拖曳方向放置垃圾桶的功能

创建一个空物体，并将其命名为 PlaceManager，给其挂载脚本 PlaceManager.cs，实现生成的垃圾桶跟随鼠标拖曳的方向放置，并且只能放置在可放置区域，具体代码如下。

```
public class PlaceManager : MonoBehaviour
{
    public static PlaceManager instance;//单例
    public GameObject currentCan;//拖曳的时候是否已经创建了垃圾桶
    private bool isArea = false;
    private void Awake()
    {
        instance = this;
    }
    void Update ()
    {
        //当前垃圾桶可以拖曳
        if (currentCan!=null)
```

```csharp
        {
            //从主相机向手指所点击的位置发射一条射线
            Ray ray = Camera.main.ScreenPointToRay(Input.mousePosition);
            RaycastHit hit;
            if (Physics.Raycast(ray, out hit,1000,LayerMask.GetMask("mask")))
//检测射线是否碰撞物体
            {
                currentCan.transform.position = hit.point;//把垃圾桶放在射线碰到的点
                if (hit.collider.CompareTag("PlaceArea"))
                {
                    isArea = true;
                }
                else
                {
                    isArea = false;
                }
            }
            else//射线没有碰到物体的时候,垃圾桶会直接跟随鼠标移动
            {
                Vector3 pos = Camera.main.WorldToScreenPoint(currentCan.transform.position);//把垃圾桶的世界坐标转为屏幕坐标
                Vector3 mouPos = Input.mousePosition;//鼠标指针的位置
                mouPos.z = pos.z;//把垃圾桶的屏幕坐标 z 值赋给鼠标指针
                Vector3 worldPos = Camera.main.ScreenToWorldPoint(mouPos);//把屏幕坐标转为世界坐标
                currentCan.transform.position = worldPos;
            }
            //放置垃圾桶
            if (Input.GetButtonUp ("Fire1"))
            {
                //放置在可放置区域
                //放置到无效区域
                if (isArea)
                {
                    currentCan = null;
                    isArea = false;
                }
                else
                {
                    Destroy(currentCan);
                    currentCan = null;
                }
```

            }
        }
    }
}

实现生成垃圾桶的功能，给 RecyclableUI、HazardousUI、FoodUI、ResidualUI 都挂载 DragCan.cs 脚本，具体代码如下。

```
public class DragCan : MonoBehaviour,IPointerEnterHandler
{
  public GameObject can; //垃圾桶对象
  //鼠标指针进入该图标会自动调用这个方法
  public void OnPointerEnter(PointerEventData eventData)
  {
    if (PlaceManager.instance.currentCan == null)
    {
       GameObject g = GameObject.Instantiate(can);
       PlaceManager.instance.currentCan = g;
    }
    else//当前已经有垃圾桶
    {
       Destroy(PlacManager.instance.currentCan);
       GameObject g = GameObject.Instantiate(can);
       PlaceManager.instance.currentCan= g;
    }
  }
}
```

给公有变量 can 赋值，即将 Project 面板中 pr 文件夹下相应的垃圾桶预制体赋给公有变量 can，例如为 RecyclableUI 的公有变量 can 赋值，如图 6-11 所示，运行场景 MotionTracker，效果如图 6-12 所示。

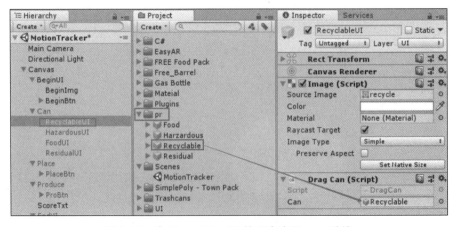

图 6-11  为 RecyclableUI 的公有变量 can 赋值

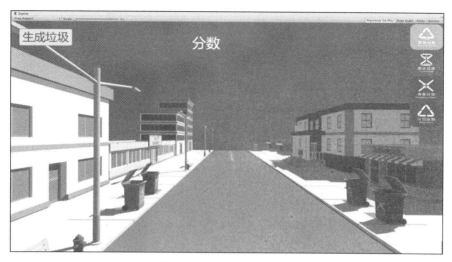

图 6-12 拖曳生成垃圾桶

### 3. 实现垃圾分类计分功能

分别给 Project 面板中 pr 文件夹下的 4 个垃圾桶添加标签 food, harz, recycle 和 oth, 并给 PlaceManager 挂载脚本 Drag.cs, 实现垃圾拖曳的功能, 具体代码如下。

```csharp
public class Drag : MonoBehaviour
{
    public LayerMask mask,mask2;//设置 mask 和 mask2 层
    private Transform lj;
    private void Update()
    {
        Ray ray = Camera.main.ScreenPointToRay(Input.mousePosition);
        RaycastHit hit;
        if (Input.GetMouseButtonDown(0))//如果按下鼠标左键，碰到垃圾对象
        {
            if (Physics.Raycast(ray, out hit, 10000, mask2))
            {
                lj = hit.transform;
            }
        }
        if (lj) {//如果识别到垃圾对象，实现沿射线拖曳
            Physics.Raycast(ray, out hit, 10000, mask);
            lj.position = hit.point+Vector3.up*0.2f;
        }
        if (Input.GetMouseButtonUp(0) && lj) {//松开鼠标，结束拖曳
            lj = null;
        }
    }
}
```

接下来，给垃圾对象挂载相应的脚本，实现计分功能。给可回收物挂载脚本 RecycleOn.cs，具体代码如下。

```csharp
public class RecycleOn : MonoBehaviour
{
    public int score = 10;//垃圾分类正确得到的奖励分
    private void OnCollisionEnter(Collision collision)
    {
        if (collision.collider.CompareTag("recycle"))
        {
            UI.instance.Score(10);
            Destroy(gameObject);
        }
        if (collision.collider.CompareTag("harz") || collision.collider.CompareTag("food") || collision.collider.CompareTag("oth"))
        {
            UI.instance.Score(-5);
            Destroy(gameObject);
        }
    }
}
```

给有害垃圾挂载脚本 HarzOn.cs，具体代码如下。

```csharp
public class HarzOn : MonoBehaviour
{
    public int score = 10;//垃圾分类正确得到的奖励分
    private void OnCollisionEnter(Collision collision)
    {
        if (collision.collider.CompareTag("harz"))
        {
            UI.instance.Score(10);
            Destroy(gameObject);
        }
        if (collision.collider.CompareTag("recycle") || collision.collider.CompareTag("food") || collision.collider.CompareTag("oth"))
        {
            UI.instance.Score(-5);
            Destroy(gameObject);
        }
    }
}
```

给厨余垃圾挂载脚本 FoodOn.cs，具体代码如下。

```csharp
public class FoodOn : MonoBehaviour
{
```

```csharp
public int score = 10;//垃圾分类正确得到的奖励分
private void OnCollisionEnter(Collision collision)
{
    if (collision.collider.CompareTag("food"))
        {
            UI.instance.Score(10);
            Destroy(gameObject);
        }
        if (collision.collider.CompareTag("recycle") || collision.collider.CompareTag("harz") || collision.collider.CompareTag("oth"))
        {
            UI.instance.Score(-5);
            Destroy(gameObject);
        }
}
}
```

给其他垃圾挂载脚本 OtherOn.cs，具体代码如下。

```csharp
public class OtherOn : MonoBehaviour
{
    public int score = 10;//垃圾分类正确得到的奖励分
    private void OnCollisionEnter(Collision collision)
    {
        if (collision.collider.CompareTag("oth"))
        {
            UI.instance.Score(10);
            Destroy(gameObject);
        }
        if (collision.collider.CompareTag("recycle") || collision.collider.CompareTag("harz") || collision.collider.CompareTag("food"))
        {
            UI.instance.Score(-5);
            Destroy(gameObject);
        }
    }
}
```

### 4. 发布并测试游戏

重新激活 EasyAR_MotionTracker 和 World Root 对象，并将前面在场景中创建的所有游戏对象都置于 WorldRoot 对象下，打包发布到手机端测试。在菜单栏中选择 File→Build Settings...命令，选择发布平台为 Android，如图 6-13 所示。单击 Build 按钮，选择导出 APK 文件存放的路径，输入 APK 文件的名称，再次单击 Build 按钮即可发布成手机端 APK 文件。手机端运行效果如图 6-14 所示。

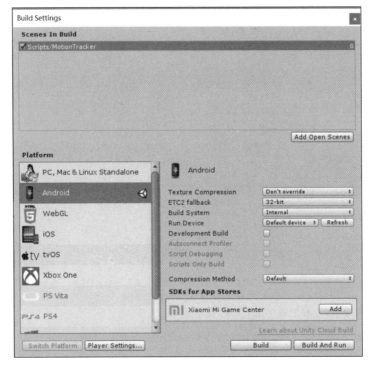

图 6-13 场景发布

图 6-14 垃圾分类游戏的运行效果（手机端）

## 【单元小结】

本单元主要对 EasyAR 运动跟踪进行介绍，通过垃圾分类案例带领读者实现简单的 AR 交互。

## 【单元习题】

在 Unity 中创建标准几何体 Cube，利用 EasyAR 运动跟踪实现扫描现实环境，识别后出现自转方块的效果。

# 单元 7  Vuforia 图片识别

## 【教学导航】

### 一、Vuforia 的由来

高通公司是一家总部位于美国加利福尼亚州的无线电通信技术研发公司,成立之初主要为无线通信业提供项目研究、开发服务,同时还涉足有限的产品制造。1988 年,货运业采用高通公司的 OmniTRACS,如今该系统已成为运输行业最大的商用卫星移动通信系统。

2010 年,高通公司收购 ICSG(Imagination Computer Service,GmbH)公司。ICSG 公司总部在奥地利的维也纳,是一家专门从事移动端计算机视觉和增强现实技术开发的公司。收购 ICSG 公司后,高通公司以该公司的技术力量为基础,在奥地利成立了一个专门负责研究增强现实技术及其周边应用的研发机构。随后,高通公司的奥地利研发机构发布高通的移动端 AR SDK,取名为 Vuforia。截至目前,Vuforia 已经成为移动端增强现实开发的主流工具包之一。

美国 PTC 软件公司在 2015 年以 6500 万美元的价格从高通公司手中收购了 Vuforia。Vuforia 是增强现实软件开发工具包,可以利用计算机视觉技术实时识别和捕捉平面图像或 3D 物体,并且已经可以实现多个目标同时识别。Vuforia 通过 Unity 扩展提供了 C#、Java、Objective-C 和.NET 语言的应用程序编程接口。Vuforia 能够同时支持 iOS 和 Android 原生开发,这也使开发人员在 Unity 中开发增强现实应用程序时很容易将其移植到 iOS 和 Android 平台上。

### 二、Vuforia 的核心功能

#### 1. 图片识别

Vuforia 可以对图片进行扫描和追踪,通过使用设备的摄像头扫描图片,并在识别图片时在其上叠加虚拟内容,设定 3D 物体,这种情况适用于媒体印刷的封面以及部分产品的可视化包装等。处理目标图片有两个阶段,首先需要设计目标图片,然后将图片上传到 Vuforia 上进行目标处理和评估。评估结果有 5 个星级,星级越高表示图片的可识别率越高。为了获得较高的星级，在选择被扫描的图片时需要注意以下几点。

- 建议选择 8 位或 24 位的 JPG 格式的图片、只有 RGB 通道的 PNG 格式的图片及灰度图，每张图片的大小小于 2.25MB。
- 图片最好是印刷在无光泽、材质较硬的卡片上，因为较硬的材质不会有弯曲或是褶皱的地方，可以使摄像头在扫描图片时更容易聚焦。
- 图片要包含丰富的细节、有较高的对比度，并且无重复内容的图像，例如街道、人群、运动场等场景图片，重复内容较多的图片评估星级往往会比较低。
- 带有轮廓分明的图案的图片，其评级会较高，追踪和识别效果会比较好。
- 扫描图片时，环境也是十分重要的因素，图片目标应该放在漫反射灯光照射的适度明亮的环境中，使图片表面被均匀照射，这样有利于收集图像信息，也有利于 Vuforia 的检测和追踪。

2．圆柱体识别

圆柱体识别允许开发者识别和跟踪包裹在圆柱形和圆锥形物体上的图像。这种功能特别适用于那些需要与圆柱形物体（如饮料罐、马克杯等）进行互动的应用场景。

Cylinder Target 支持的图片格式和 Image Target、Multi Target 相同。图片是用 RGB 或 Grayscale（灰度）模式的 PNG 和 JPG 格式图片，文件大小小于 2.25MB。上传到官网之后，系统会自动将提取出来的图像识别信息存储在一个数据集中，供开发人员下载和使用。

目前，识别和追踪圆柱体的精度不是很高，所以开发人员在制作增强现实应用程序时还需要注意以下这些细节，通过一些方法使用户得到舒适的体验。

- 最好不要使用玻璃瓶等能够产生强烈镜面反射的物体，这样会影响识别和追踪的精度。
- 选用物体上的图像最好能够覆盖整个物体并提供很丰富的细节信息。
- 当想要从物体的顶部或底部识别物体时，合理地设置物体顶部和底部的图像很重要。
- 选用物体的表面图像不能是大量重复的，如果选用这样的物体，会在识别时产生朝向歧义，影响识别效果。

3．多目标识别

除了上述图片识别和圆柱体识别，还可以使用立方体盒子作为识别目标。立方体有多个面，一张图片的 Image Target 无法实现，需要用到多目标识别技术（Multi Target），使用时需要将要识别的立方体的 6 个面以及长、宽、高等数据上传。

多目标识别的对象为立方体，共有 6 个面，每个面的图像单独定义为一个 Image Target。使用 Vuforia 目标管理器或 XML 文件将这些单独的 Image Target 关联起来，以形成整个立方体目标的结构。再将这些定义好的 Image Target 数据上传到 Vuforia 目标数据库中，以供应用在运行时进行识别。当摄像头捕捉到其中一个 Image Target 时，Vuforia 会根据定义好的关联关系追踪并识别整个立方体目标。如果需要调整关联关系或其他参数，可以通过修改 XML 文件进行配置。

多目标识别是增强现实技术中最基础的识别方法之一。开发人员可以扫描身边的具体物体。与图片识别相比，多目标识别更加具体且富有乐趣，但缺点是不如图片识别方便快捷。多目标识别通常用于产品包装的营销活动、游戏可视化产品展示等。

### 4. 文字识别

Vuforia 还提供了文字识别功能，它提供了约十万个常用单词列表。此外，开发人员可对该列表进行扩充。在开发过程中，文字识别可作为一个单独的功能使用或者与目标结合在一起使用。

文字识别可以识别印刷的字体，无论该文本是否带有下划线。所识别的文字字体包括正常字体、粗体、斜体等。文本目标应被放置在漫反射灯光照射的适度明亮环境中，保证该文本信息被均匀照射，这样有利于 Vuforia 的检测和追踪。

### 5. 云识别

云识别是一项图片识别方面的企业级解决方案。它使开发人员能够在线对图片目标进行管理。应用程序在识别和跟踪物体时会与云数据库中的内容进行比较，如果匹配就会返回相应的信息，所以云识别需要良好的网络环境。

云识别非常适合需要识别很多目标的应用程序，并且这些目标还需要频繁地进行改动。有了云识别，相关的目标识别管理信息都会存储在云服务器上，这样就不需要在应用程序中添加过多的内容，且容易对存储的信息进行更新管理。但目前云识别还不支持 Cylinder Target 和 Multi Target。

开发人员可以在 Target Manager 中添加使用 RGB 或 Grayscale 模式的 JPG 和 PNG 格式图片目标，上传的图片文件大小需要小于 2.25MB，添加后官方会将图片的特征信息存储在数据库中，供开发人员下载和使用。

## 【支撑知识】

### 7.1 ImageTarget

在 Vuforia 中，ImageTarget 是指基于静态图像的增强现实方案。它是识别和跟踪特定图像的技术，例如将印刷品、产品包装、海报等静态图像转换为触发增强现实效果的标记。

Vuforia 的 ImageTarget 可以被 Vuforia 检测和识别，提供目标图像的信息，可以在图像上显示虚拟 3D 模型，也可以在图像上显示非常详细的信息。相比于其他增强现实技术，ImageTarget 是最常用的一种，这是因为它非常简单易用，同时可定制的可能性还很高。

Vuforia 中 ImageTarget 的工作流程通常包括以下几步。

（1）创建 ImageTarget：在 Vuforia 开发者门户中创建 ImageTarget，并将图像资源上传到 ImageTarget 中。

（2）获取识别的结果：通过 Vuforia 检测和识别 ImageTarget，并返回关联的图像信息。

（3）渲染虚拟物体：在指定的 ImageTarget 上渲染虚拟物体，创建增强现实效果。

## 【单元任务】

知识目标：掌握 Vuforia 的图片识别功能。

技能目标：可以添加虚拟按钮，实现脱卡功能。

素养目标：继承并发扬我国优秀传统文化。

## 7.2　Vuforia 的下载

在安装 Unity 2018.1.0f2 时，勾选 Voforia Augmented Reality Surpport 复选框，如图 7-1 所示。

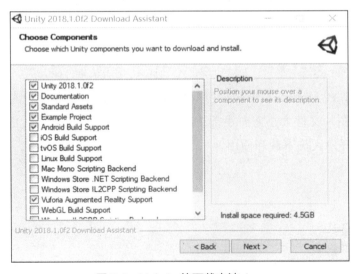

图 7-1　Vuforia 的下载方法 1

Vuforia 另一种下载方法：打开 Vuforia 官网，选择 Downloads→SDK，并选择第一个资源包进行下载，如图 7-2 所示。

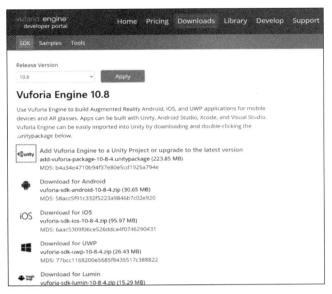

图 7-2　Vuforia 的下载方法 2

## 7.3　AR 环境设置

打开 Vuforia 官网，如果还没有注册，则需要单击 Register，填写相关信息进行注册，如图 7-3 所示。如果已经是 Vuforia 用户，单击 Log In，输入账号和密码，登录 Vuforia 管理后台。

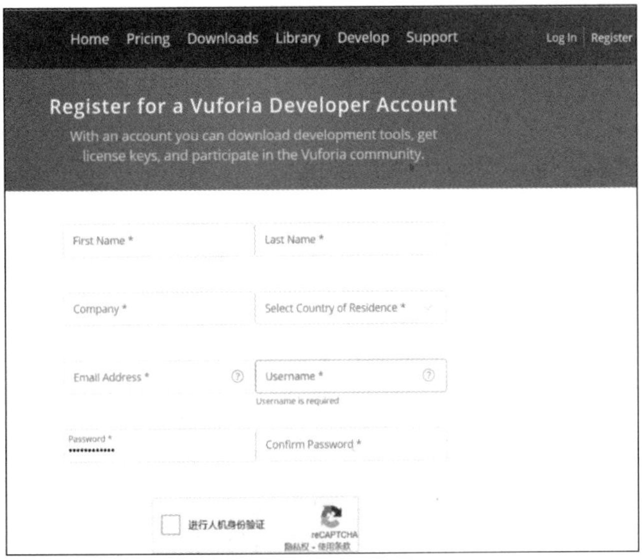

图 7-3　Vuforia 注册页面

登录账号后，选择 Develop→License Manager→Get Basic，创建密钥，如图 7-4 所示。在弹出页面的 License Name 文本框里输入 ArVuforia，勾选协议，单击 Confirm 按钮，这样就创建了名为 ArVuforia 的密钥，该密钥供以后开发 AR 项目时使用，如图 7-5 所示。

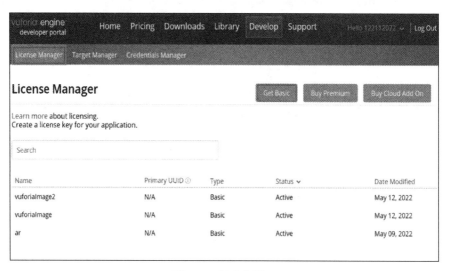

图 7-4 创建密钥 1

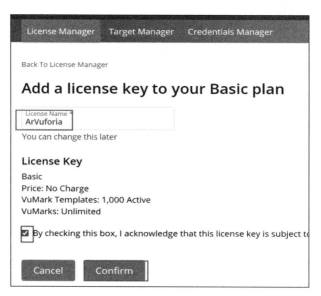

图 7-5 创建密钥 2

在 License Manager 页面可以看到刚创建的名为 ArVuforia 的密钥，如图 7-6 所示。单击 ArVuforia 可以查看该密钥，如图 7-7 所示。

创建一个新的场景，在 Hierarchy 面板的空白处右击，选择 Vuforia→AR Camera 命令，如图 7-8 所示，导入 Vuforia 相关资源。

图 7-6　创建的密钥

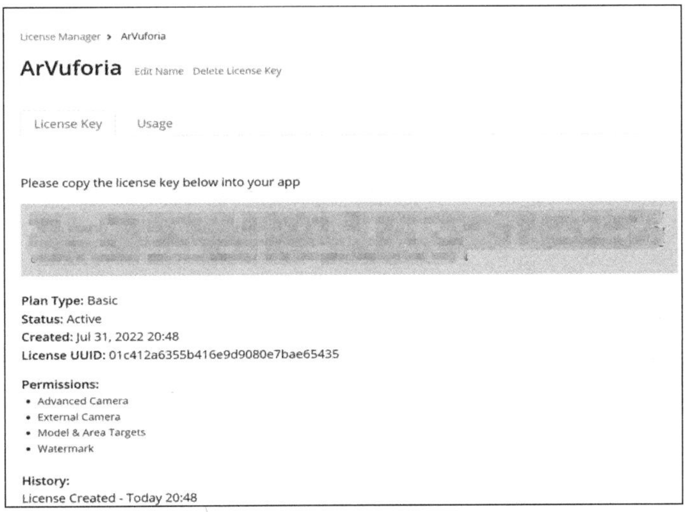

图 7-7　查看密钥

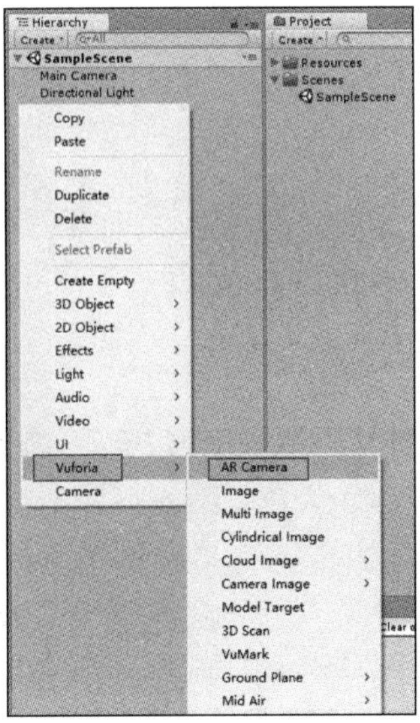

图 7-8　创建 AR Camera

在 Hierarchy 面板中选择 AR Camera 对象，在它的 Vuforia Behaviour 组件中单击 Open Vuforia configuration 按钮，如图 7-9 所示。打开配置区域，将刚创建的密钥粘贴到 App License Key 文本框中并单击 Add License 按钮，如图 7-10 所示，这样就给工程添加了 Vuforia 密钥。

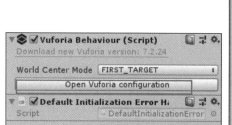

图 7-9　单击配置按钮　　　　　图 7-10　添加密钥

确定开发的应用平台。选择菜单栏中的 Flie→Build Settings...命令，在弹出的对话框中选择 Android 平台后，单击 Player Setting...按钮，在右侧 Inspector 面板的 XR Settings 中勾选 Vuforia Augmented Reality 复选框，如图 7-11 所示。

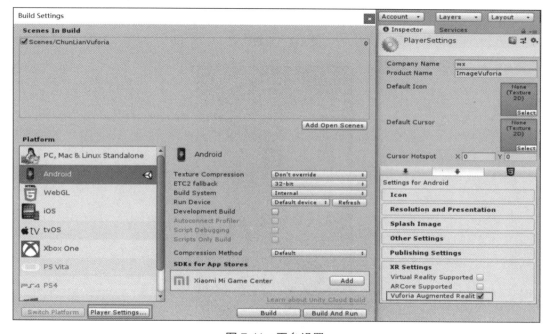

图 7-11　平台设置

## 7.4 图片识别

微课 30

图片识别

图片识别的基本流程如下。

### 1. 添加识别库

创建一个新的场景 ImageVuforia，在 Hierarchy 面板中创建 ARCamera，依照 7.3 节的内容进行 AR 环境设置。

登录 Vuforia 官网，选择 Develop→Target Manager，单击 Add Database 按钮，如图 7-12 所示。在弹出的对话框中输入识别库名称，这里将其取名为 ARdunhuang，Type 选择 Device 即可，如图 7-13 所示。

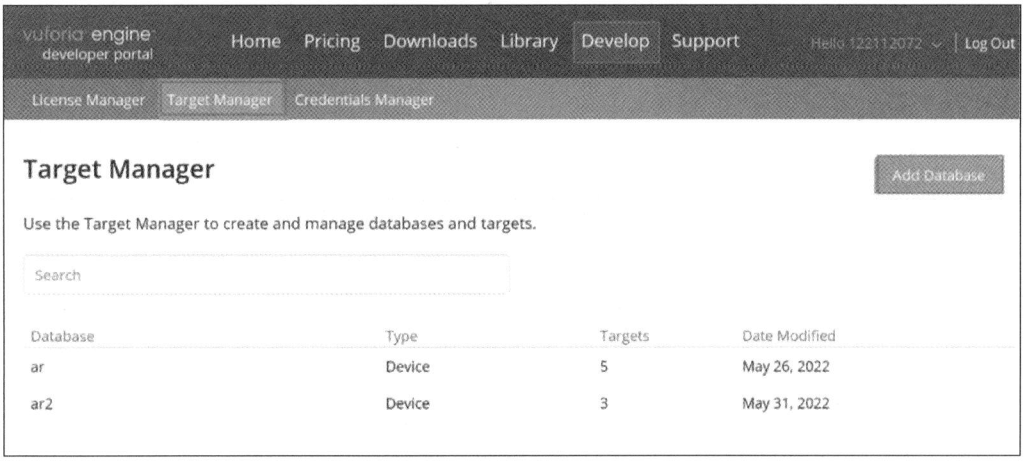

图 7-12 创建识别库

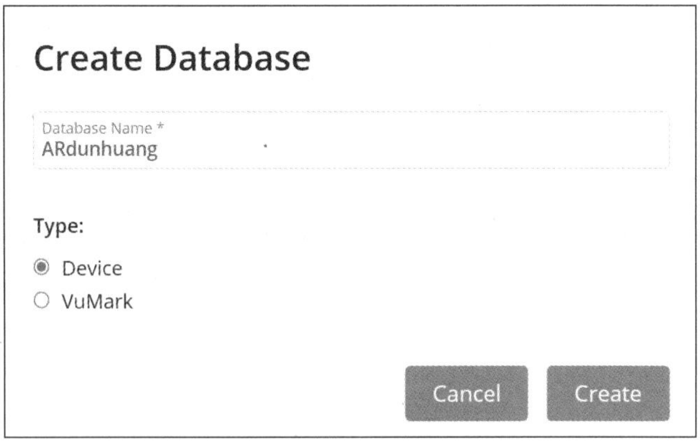

图 7-13 设置识别库属性

单击 Create 按钮创建好识别库，在 Target Manager 页面可以看到刚创建的 ARdunhuang 识别库，如图 7-14 所示。从图中可以看出，目前该识别库里的目标信息数 Targets 为 0，即该识别库里还没有添加任何图片信息。

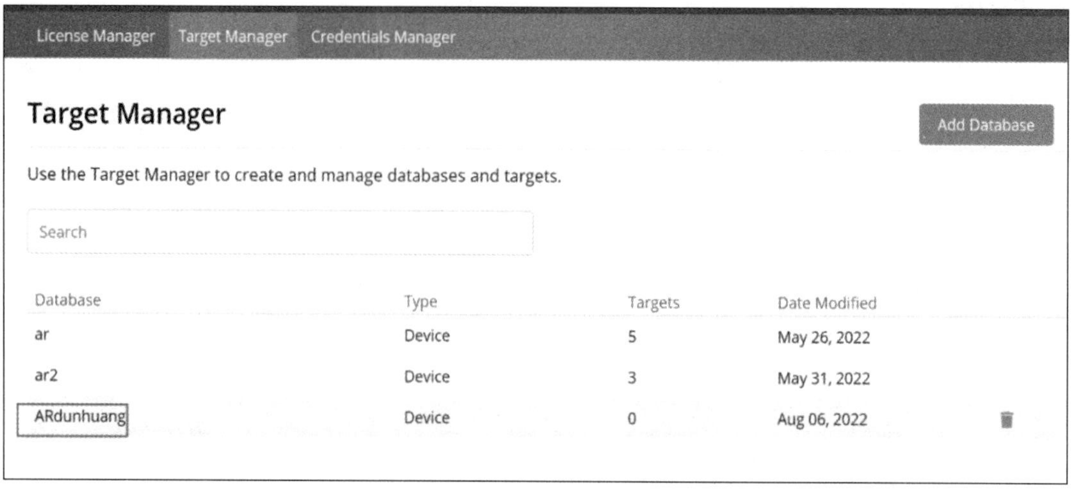

图 7-14　创建的 ARdunhuang 识别库

### 2. 添加识别图

识别库加载成功后，即可向其中添加识别图，单击 ARdunhuang 识别库，在 Targets(1) 选项卡中单击 Add Target 按钮，上传识别图，如图 7-15 所示。其中，Type 选择 Image，File 可以设置为从本地计算机中选择识别图的地址。Width 设置为识别图的宽度，这是为了建立 Unity 场景中的单位长度，场景中所有其他物体的大小是以这个值为参照建立的。Vuforia 中的长度单位是米。上传识别图之后，识别图的高度会以这个宽度来自动计算。Width 值可以是任意的，但是最好比 Camera 的 Near Clip 值大，否则在镜头靠近时可能会看不到相关内容。在 Name 文本框中输入识别图的名称，这个很重要，每个识别图都有一个唯一的名称，而且 Vuforia 可以同时识别多张不同的图片，因此如果以后要用代码来控制选择哪个对象的话，就是用这个名称来查找是哪张识别图，所以最好取一个方便区分的名称。选择"dunhuang.png"图片，单击 Add 按钮，如图 7-16 所示。

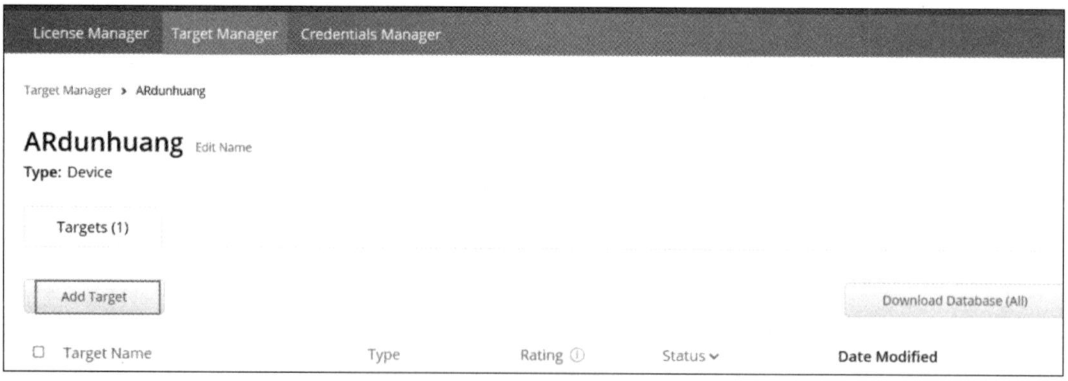

图 7-15　添加目标

图 7-16　添加识别图

单击识别图 dunhuang 即可出现识别信息，如图 7-17 所示。其中，Augmentable 表示可识别度的高低，从 5 颗星依次向下排序，5 颗星表示可识别度最好，识别特征点也最多，便于测试。单击 Show Features 可以查看图片的识别特征点，如图 7-18 所示。

图 7-17　识别图的识别信息

图 7-18　识别特征点

在 Target Manager 页面勾选 dunhuang，单击 Dawnload Database 按钮，下载识别图的资源包，如图 7-19 所示。在弹出的对话框中选择 Unity Editor，单击 Download 按钮，如图 7-20 所示。等待一会儿即可完成下载 ARdunhuang. unitypackage。

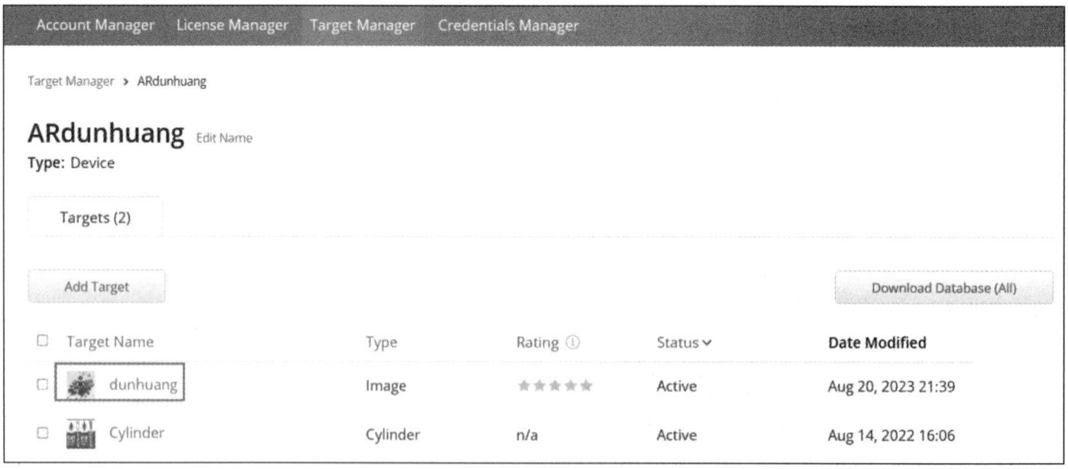

图 7-19　下载识别图的资源包

在 Unity 中选择菜单栏中的 Asset→Import Package→Custom Package…命令，导入下载的识别图资源包 ARdunhuang.unitypackage，单击 Import 按钮，如图 7-21 所示。

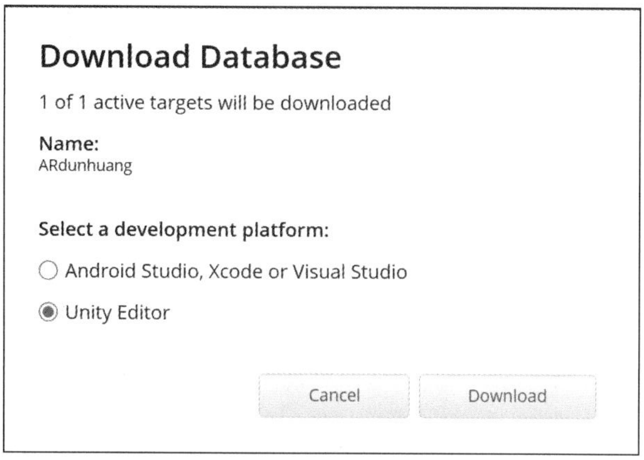

图 7-20 选择识别图资源包属性

图 7-21 在 Unity 中导入识别图资源包

在 Hierarchy 面板中创建 ImageTarget，即右击 Hierarchy 面板中的空白处，选择 Vuforia→Image 命令。选择 ImageTarget，在 Inspector 面板中将 Database 设为 ARdunhuang，如图 7-22 所示。

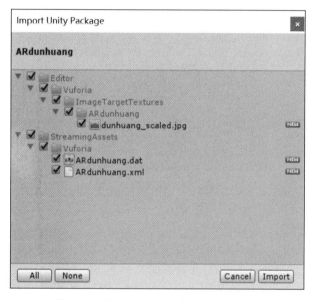

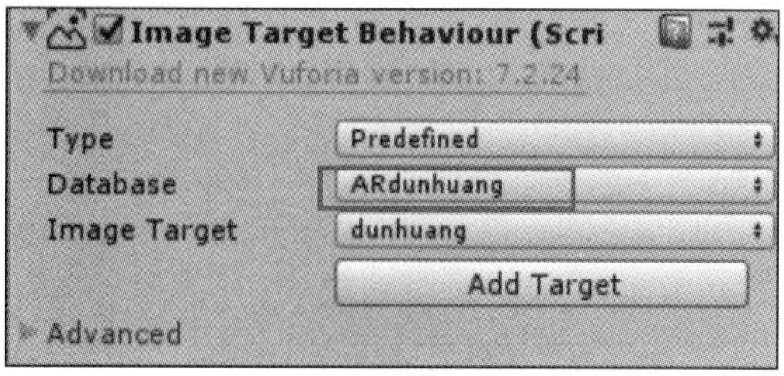

图 7-22 选择识别库

将命名为敦煌的模型拖到 ImageTarget 下，使其作为它的子对象，调整 ARCamera 的位置进行测试，同时取消 Main Camera 的使用，效果如图 7-23 所示。

图 7-23　图片识别效果

## 7.5　虚拟按钮

微课 31

虚拟按钮

虚拟按钮是通过 Vuforia 与现实世界实现交互的一种媒介。用户可以通过在现实世界的一些手势操作与应用程序中的场景物体进行交互。当要为应用程序添加虚拟按钮功能时，需要注意以下几点。

- 虚拟按钮之间不要重叠。
- 虚拟按钮要远离识别图边框。
- 虚拟按钮应放在识别图信息多的地方。

为了使 AR 交互方式更加"魔幻"，可以通过在真实的识别图上单击来触发应用中的某些行为。Vuforia 提供了 Virtual Button 功能来实现这样的交互，本节将使用虚拟按钮旋转、缩放场景中的敦煌模型。

打开场景 ImageVuforia，在 Hierarchy 面板中选择 ImageTarget，在 Inspector 面板中展开 Image Target Behaviour 组件，找到 Advanced，单击左侧的三角形图标，即可看到隐藏的内容，最下边有 Add Virtual Button 按钮，如图 7-24 所示。单击该按钮，可以添加一个虚拟按钮，这里单击两次，添加两个虚拟按钮，如图 7-25 所示。

图 7-24　找到用于添加虚拟按钮的按钮　　　　图 7-25　添加两个虚拟按钮

选中 VirtualButton 后在 Inspector 面板中对虚拟按钮进行命名。将两个虚拟按钮分别命名为 Larger 和 Rotate，如图 7-26 所示。同时取消激活 Turn Off Behaviour 组件，即虚拟按钮始终显示。

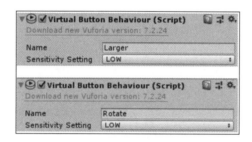

图 7-26　命名虚拟按钮

默认两个虚拟按钮出现在屏幕中央，重合在一起。接下来需要调整两个虚拟按钮的位置，将虚拟按钮尽量放在特征点较多的位置，如图 7-27 所示。

图 7-27　调整虚拟按钮的位置

创建脚本 VirtualButtonEventHandler.cs 并将其挂载给 ImageTarget，实现单击 Rotate 虚拟按钮，敦煌模型开始旋转；单击 Larger 虚拟按钮，敦煌模型被放大，具体代码如下。

```csharp
using System.Collections;
using System.Collections.Generic;
using UnityEngine;
using Vuforia;
public class VirtualButtonEventHandler : MonoBehaviour,
IVirtualButtonEventHandler
{
  VirtualButtonBehaviour[] vbs;
  public GameObject cube;
  private bool isRotate=false;
  // Use this for initialization
void Start ()
 {
    vbs = this.GetComponentsInChildren<VirtualButtonBehaviour>();
    for(int i = 0; i < vbs.Length; i++)
    {
        vbs[i].RegisterEventHandler(this);//将脚本注册到按钮上
    }
  }
    // Update is called once per frame
    void Update () {
    if (isRotate)
    {
        cube.transform.Rotate(Vector3.up,60.0f*Time.deltaTime,
Space.World);
    }
  }
public void OnButtonPressed(VirtualButtonBehaviour vb)
{
  switch (vb.VirtualButtonName)
  {
    case "Rotate":
      isRotate = true;
      break;
    case "Larger":
        cube.transform.localScale += new Vector3(0.025f,0.025f,0.025f);
        break;
    }
  }
  public void OnButtonReleased(VirtualButtonBehaviour vb)
```

```
{
  switch (vb.VirtualButtonName)
  {
    case "Rotate":
      isRotate = false;
      break;
    case "Larger":
      break;
  }
}
```

将敦煌模型赋给 cube，即赋给代码中的公有变量 cube，如图 7-28 所示。为了达到更好的效果，识别图可以复杂一些，尤其是在虚拟按钮的位置，可以使用 Photoshop 等图像处理软件给识别图加上虚拟按钮的图像，这样会更直观。

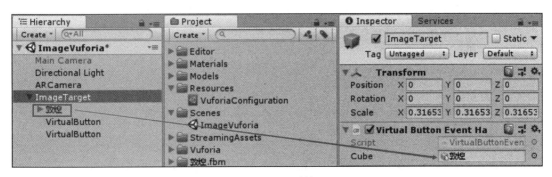

图 7-28　赋值

## 7.6　脱卡功能

微课 32

脱卡功能

在常见的 AR 项目中，识别到图像后会将 3D 物体叠加到识别目标之上并进行追踪。但是当识别目标丢失后，如果希望使 3D 物体停留在屏幕中心，这个功能就是本节将要介绍的脱卡功能。脱卡功能的原理：将 3D 物体从识别目标下移出，不再将识别图作为 3D 物体的父对象，这样就能够实现识别图不跟随识别目标的效果。

复制场景 ImageVuforia，并将其重命名为 ImageVuforia-tuoka。在 ARCamera 下创建一个 Cube，调整它的位置，使其位于相机正中央，只保留 Transform 组件，删除其余组件。当图片识别丢失时，将物体置于 Cube 所在的位置（相机正中央）。

复制 ImageTarget 下的组件 Default Trackable Event Handler.cs，将其重命名为 MyDefault Trackable Event Handler.cs，把它挂载给 ImageTarget，并删除 Default Trackable Event Handler.cs 组件，修改 MyDefault Trackable Event Handler.cs，代码如下。

```csharp
using UnityEngine;
using Vuforia;
/// <summary>
/// A custom handler that implements the ITrackableEventHandler interface.
///
/// Changes made to this file could be overwritten when upgrading the Vuforia version.
/// When implementing custom event handler behavior,consider inheriting from this class instead.
/// </summary>
public class MyDefaultTrackableEventHandler: MonoBehaviour,
ITrackableEventHandler
{
  public GameObject cubeNew;
  public GameObject cubePos;
  private Vector3 oldPos;
  private Quaternion oldQua;
  private bool hasFirstLoad = false;//是否为第一次加载（第一次加载不需要丢失识别图）
#region PROTECTED_MEMBER_VARIABLES
  protected TrackableBehaviour mTrackableBehaviour;
  #endregion // PROTECTED_MEMBER_VARIABLES
  #region UNITY_MONOBEHAVIOUR_METHODS
  protected virtual void Start()
  {
     mTrackableBehaviour = GetComponent<TrackableBehaviour>();
     if (mTrackableBehaviour)
         mTrackableBehaviour.RegisterTrackableEventHandler(this);
     oldPos = cubeNew.transform.position;//初始信息
     oldQua = cubeNew.transform.rotation;
  }
   protected virtual void OnDestroy()
   {
     if (mTrackableBehaviour)
         mTrackableBehaviour.UnregisterTrackableEventHandler(this);
   }
   #endregion // UNITY_MONOBEHAVIOUR_METHODS
   #region PUBLIC_METHODS
   /// <summary>
   ///     Implementation of the ITrackableEventHandler function called when the
   ///     tracking state changes.
   /// </summary>
   public void OnTrackableStateChanged(
      TrackableBehaviour.Status previousStatus,
```

```csharp
        TrackableBehaviour.Status newStatus)
    {
        if (newStatus == TrackableBehaviour.Status.DETECTED ||
            newStatus == TrackableBehaviour.Status.TRACKED ||
            newStatus == TrackableBehaviour.Status.EXTENDED_TRACKED)
        {
            Debug.Log("Trackable " + mTrackableBehaviour.TrackableName + " found");
            OnTrackingFound();
        }
        else if (previousStatus == TrackableBehaviour.Status.TRACKED &&
                newStatus == TrackableBehaviour.Status.NO_POSE)
        {
            Debug.Log("Trackable " + mTrackableBehaviour.TrackableName + " lost");
            OnTrackingLost();
        }
        else
        {
            // For combo of previousStatus=UNKNOWN + newStatus=UNKNOWN|NOT_FOUND
            // Vuforia is starting,but tracking has not been lost or found yet
            // Call OnTrackingLost() to hide the augmentations
            OnTrackingLost();
        }
    }
    #endregion // PUBLIC_METHODS
    #region PROTECTED_METHODS
    protected virtual void OnTrackingFound()
    {
        var rendererComponents = GetComponentsInChildren<Renderer>(true);
        var colliderComponents = GetComponentsInChildren<Collider>(true);
        var canvasComponents = GetComponentsInChildren<Canvas>(true);
        // Enable rendering:
        foreach (var component in rendererComponents)
            component.enabled = true;
        // Enable colliders:
        foreach (var component in colliderComponents)
            component.enabled = true;
        // Enable canvas':
        foreach (var component in canvasComponents)
            component.enabled = true;
        cubeNew.transform.SetParent(this.transform);
        cubeNew.transform.localPosition = oldPos;
        cubeNew.transform.localRotation = oldQua;
```

```
            hasFirstLoad = true;
        }
        protected virtual void OnTrackingLost()
        {
            var rendererComponents = GetComponentsInChildren<Renderer>(true);
            var colliderComponents = GetComponentsInChildren<Collider>(true);
            var canvasComponents = GetComponentsInChildren<Canvas>(true);
            // Disable rendering:
            foreach (var component in rendererComponents)
                component.enabled = false;
            // Disable colliders:
            foreach (var component in colliderComponents)
                component.enabled = false;
            // Disable canvas':
            foreach (var component in canvasComponents)
                component.enabled = false;
            if (hasFirstLoad)
            {
                cubeNew.transform.SetParent(cubePos.transform);
                cubeNew.transform.localPosition = Vector3.zero;
                cubeNew.transform.localRotation = cubeNew.transform.rotation;
            }
        }
        #endregion // PROTECTED_METHODS
}
```

运行场景前先将脱卡功能开启，即勾选 ImageTarget 对象中 Image Target Behaviour 组件的 Extended Tracking 属性，如图 7-29 所示。同时对 Cube Pos 和 Cube New 进行赋值，如图 7-30 所示。

图 7-29　开启脱卡功能

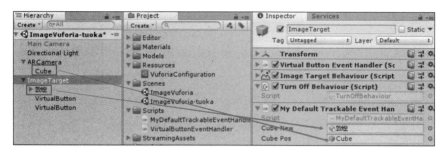

图 7-30　赋值

运行场景 ImageVuforia-tuoka，当识别图丢失时，敦煌模型依然存在于屏幕中央，如图 7-31 所示。

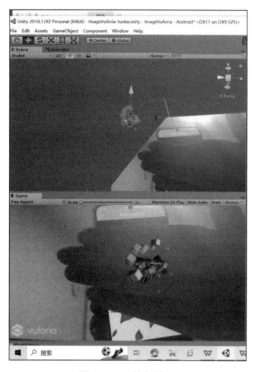

图 7-31　脱卡效果

## 7.7　民俗文化之春联

微课 33

民俗文化之春联

春联是过年时所贴的红色喜庆元素"年红"中的一种，它以对仗工整、简洁精巧的文字描绘美好意象，抒发美好愿望，是我国特有的文学形式和重要习俗。当人们在自己家贴"年红"（春联、福字、窗花等）的时候，意味着春节拉开序幕。

下面运用 Vuforia 图像识别功能配合虚拟按钮，实现扫描"福"字出现并切换春联的功能。

### 添加识别库

创建一个新的场景 ChunLianVuforia，在 Hierarchy 面板中创建 ARCamera，依照 7.3 节的内容进行 AR 环境设置。

登录 Vuforia 官网，选择 Develop→Target Manager，单击 Add Database 按钮，在弹出的对话框中输入识别库的名称，这里将其取名为 ARChunLian，Type 选择 Device，单击 Greate 按钮即可创建识别库，创建完成后页面如图 7-32 所示。

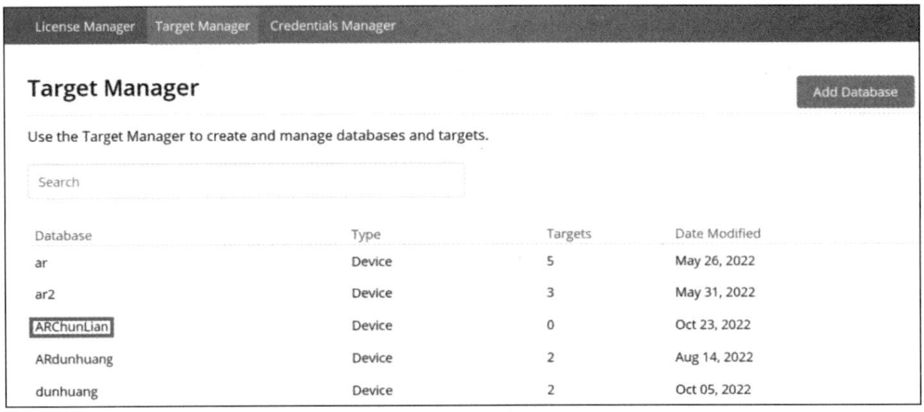

图 7-32　创建识别库

创建好识别库后，即可向其中添加识别图，单击 ARChunLian 识别库，在 Targets(1) 选项卡中单击 Add Target 按钮，上传识别图。其中，Type 选择 Image，File 设置为福.jpg 图片，Name 设置为 Fu，单击 Add 按钮即可上传识别图，上传完成的页面如图 7-33 所示。

图 7-33　添加目标

勾选 Fu，单击 Download Database 按钮下载识别图资源包，在弹出的对话框中选择 Unity Editor，单击 Download 按钮，等待一会儿即可完成下载 ARChunLian.unitypackage。

在 Unity 中选择菜单栏中的 Asset→Import Package→Custom Package…命令，导入下载的识别图资源包 ARChunLian.unitypackage，单击 Import 按钮。在 Hierarchy 面板中创建 ImageTarget，在 Inspector 面板中将 Image Target Behaviour 组件的 Database 设为 ARChunLian，Image Target 设置为 Fu，如图 7-34 所示。

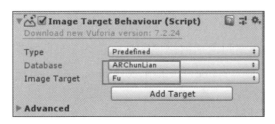

图 7-34 设置 Image Target Behaviour 组件

导入春联图片资源,并将"春联"文件夹下的所有图片的 Texture Type 都设置为 Sprite（2D and UI），如图 7-35 所示。

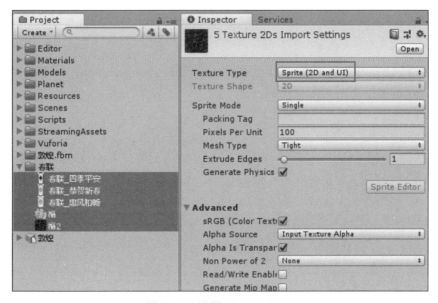

图 7-35 设置 Texture Type

将图片"春联_恭贺新春"拖到 Hierarchy 面板的 ImageTarget 下，使其作为它的子对象，将该图片更名为 Couplet，并调整它的大小使其和识别图重合，如图 7-36 所示。

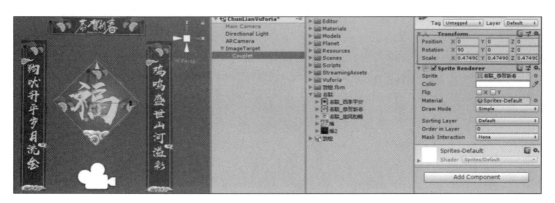

图 7-36 添加春联对象

在 ImageTarget 下创建一个空物体 ChangeButton，并为之添加组件 Virtual Button Behaviour，将虚拟按钮调整到识别信息多的地方，如"福"字的左上角，将它的材质设置为透明色。设置虚拟按钮的 Name 为 ChangeCouplet，将 Sensitivity Setting 设置为 HIGH，如图 7-37 所示。

图 7-37　设置虚拟按钮的属性

创建脚本 ChangeCouplet.cs 并将其挂载给空物体 ChangeButton，实现扫描"福"字出现春联，单击虚拟按钮切换春联的功能，相关公有变量的赋值如图 7-38 所示，具体代码如下。

```
using UnityEngine;
using Vuforia;
public class ChangeCouplet : MonoBehaviour,IVirtualButtonEventHandler
{
    public Sprite[] allCouplet;
    public SpriteRenderer couplet;
    int i;
    public void OnButtonPressed(VirtualButtonBehaviour vb)
    {
        if (vb.VirtualButtonName == "ChangeCouplet")
        {
            i++;
            if (i >= 3)
                i = 0;
            couplet.sprite = allCouplet[i];
        }
    }
    public void OnButtonReleased(VirtualButtonBehaviour vb)
    {
    }
    // Start is called before the first frame update
    void Start()
    {
        GetComponent<VirtualButtonBehaviour>().RegisterEventHandler(this);
    }
}
```

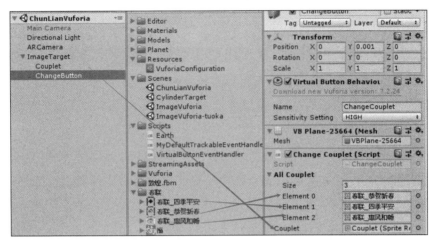

图 7-38 赋值

运行场景 ChunLianVuforia，单击虚拟按钮切换春联，如图 7-39 所示。

图 7-39 春联切换效果

## 【单元小结】

本单元主要介绍了 Vuforia 以及 Vuforia 的图片识别功能，包括 Vuforia 的核心功能、支持的平台、注册与下载、AR 环境的设置方法、添加虚拟按钮、脱卡功能的实现等，帮助读者掌握增强现实应用程序的开发流程，为后续的 AR 项目开发奠定基础。

## 【单元习题】

1. 基于 Vuforia 开发增强现实应用程序时，识别图的选择需要注意哪几点？
2. 在 Unity 中创建标准几何体 Cube，并基于 Vuforia 实现识别图片出现方块的效果。

# 单元 ❽ Vuforia 圆柱体识别

## 【教学导航】

圆柱体识别 Cylinder Target 能够使应用程序识别并追踪卷成圆柱或者圆台形状的图像，也支持识别和追踪位于圆柱体或圆台体顶部和底部的图像。开发人员在 Vuforia 官网上创建 Cylinder Target 时，需要使用到圆柱体的高、顶直径、底直径及识别图，特征点较多的识别图可以提高识别精度。

## 【支撑知识】

### 8.1 Cylindrical Image

在 Vuforia 中，Cylindrical Image 是一种基于圆柱体表面的增强现实方案，它使用映射到圆柱形表面上的图像作为识别目标，使得虚拟内容能够稳定地锚定在物理圆柱物体上，用户使用它时可以根据需要旋转或平移视角，以实现更加直观和沉浸式的增强现实体验。

Cylindrical Image 的工作流程通常包括以下步骤。

（1）将需要识别的柱面图像资源导入 Vuforia 工程中。

（2）创建 Cylindrical Image Target：在 Vuforia 开发者门户中创建 Cylindrical Image Target。

（3）获取识别的结果：通过 Vuforia 检测和识别 Cylindrical Image Target，并返回关联的图像信息。

（4）渲染虚拟物体：在 Cylindrical Image 上渲染虚拟物体，创建增强现实效果。

## 【单元任务】

知识目标：掌握圆柱体识别和用户自定义识别相关知识。

技能目标：实现现实环境的自定义跟踪交互。

素养目标：培养严谨、科学的做事态度，以及拓展与创新的能力。

## 8.2 圆柱体识别

新建场景 CylinderTarget，在 Hierarchy 面板中创建 ARCamera，依照 7.3 节的内容进行 AR 环境设置。

登录 Vuforia 官网，选择 Develop→Target Manager。在已经创建好的 ARdunhuang 数据库下添加圆柱体识别图。设置 Bottom Diameter、Top Diameter、Side Length 这 3 个尺寸参数，并输入圆柱体名称。这 3 个参数分别表示圆柱体底直径和顶直径，以及高。设置完毕后，单击 Add 按钮，如图 8-1 所示。

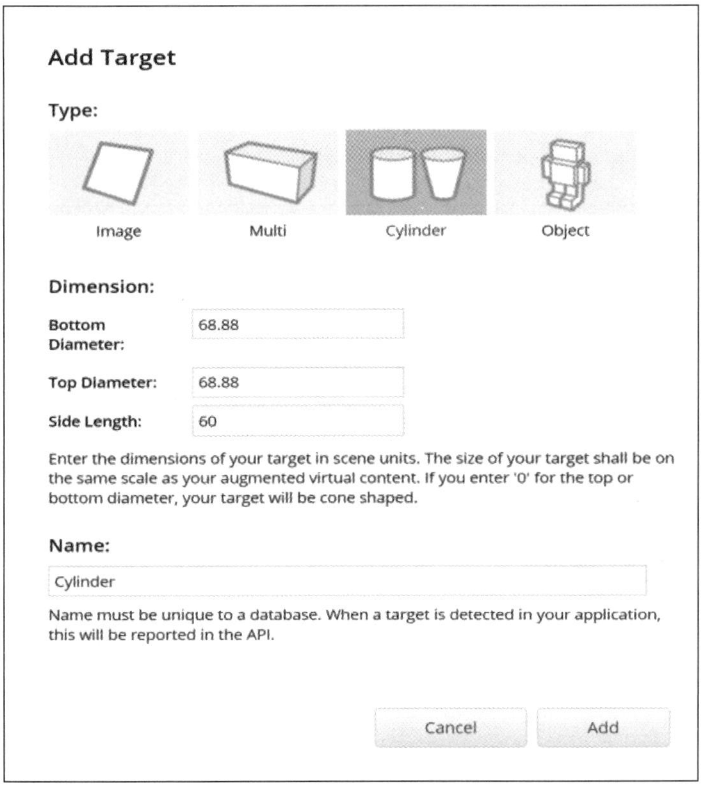

微课 34

圆柱体识别

图 8-1　设置圆柱体识别图

在 Targets(2)选项卡中选择刚刚创建好的圆柱体 Cylinder，如图 8-2 所示，进入其属性编辑页面。

按照页面右侧操作面板的指示，分别上传圆柱体的侧面展开图以及顶部圆、底部圆的图，如图 8-3 所示。

单击 Download Database 按钮下载 Vuforia 的 Unity SDK。在弹出的对话框中选择 Unity Editor，单击 Download 按钮，如图 8-4 所示。等待一会儿即可完成下载 ARdunhuang.unitypackage。

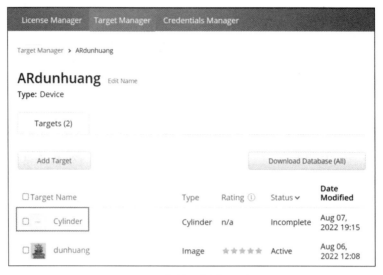

图 8-2　加载圆柱体识别图

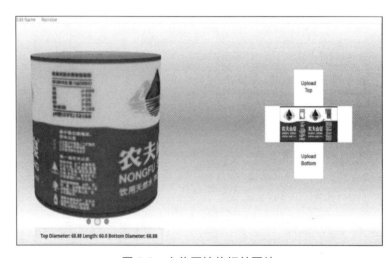

图 8-3　上传圆柱体相关图片

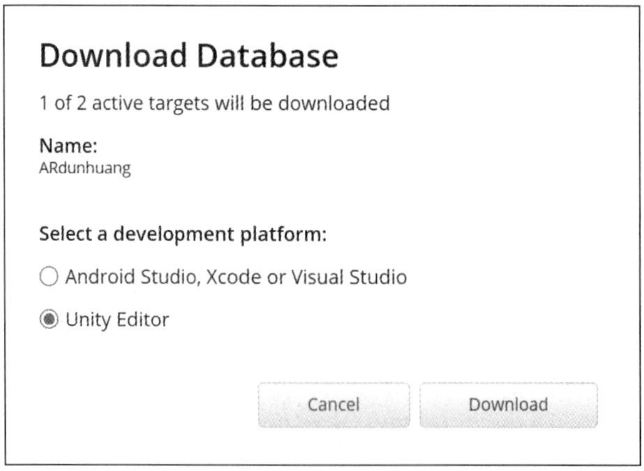

图 8-4　选择识别图资源包属性

在 Unity 中选择菜单栏中的 Asset→Import Package→Custom Package 命令导入下载的识别图资源包 ARdunhuang.unitypackage，单击 Import 按钮，如图 8-5 所示。

图 8-5　导入识别图资源包

在菜单栏中选择 GameObject→Vuforia→Cylindrical Image 命令，在弹出的对话框中单击 Import 按钮，导入后，Hierarchy 面板中多了一个 CylinderTarget 对象。

选中 CylinderTarget 对象，在 Inspector 面板中将 Database 设为 ARdunhuang，将 CylinderTarget 设为 Cylinder，如图 8-6 所示。

图 8-6　设置识别库

导入 Planet.unitypackage 资源包，将 Project 面板中 Planet→PlanetShader→Model 目录下的 Rings 拖到 CylinderTarget 下，使包作为 CylinderTarget 的子对象，并给 Rings 的子对象 Earth 创建脚本 Earth.cs，实现当识别到矿泉水瓶时，在矿泉水瓶外有小球绕着旋转，具体代码如下。

```
public class Earth : MonoBehaviour
{
    private Transform parent;
```

```
    void Start ()
    {
    parent = this.transform.parent;
}
    // Update is called once per frame
    void Update ()
    {
transform.RotateAround(parent.position,parent.forward,60.0f*Time.deltaTime);
    }
}
```

取消 Main Camera 的使用，调整 ARCamera 的位置进行测试，运行场景 CylinderTarget，当识别到矿泉水瓶时，矿泉水瓶外有小球环绕的效果，如图 8-7 所示。

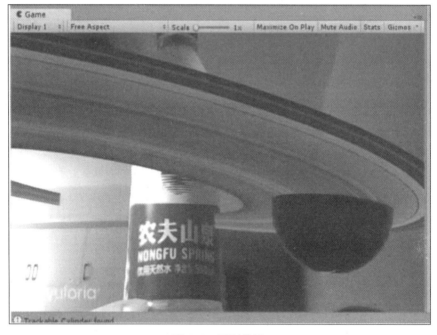

图 8-7　识别效果

## 8.3　用户自定义识别

微课 35

用户自定义识别 1

新建场景 UserDefine，在 Hierarchy 面板中创建 ARCamera，依照 7.3 节的内容进行 AR 环境设置。

在 Hierarchy 面板空白处右击，选择 Vuforia→Camera Image→Camera Image Bulider 命令，如图 8-8 所示再右击空白处，选择 Vuforia→Camera Image→Camera Image Target 命令。此时 ImageTarget 的 Type 是 User Defined，如图 8-9 所示，而图像跟踪识别创建的 ImageTarget 的 Type 是 Predefined。

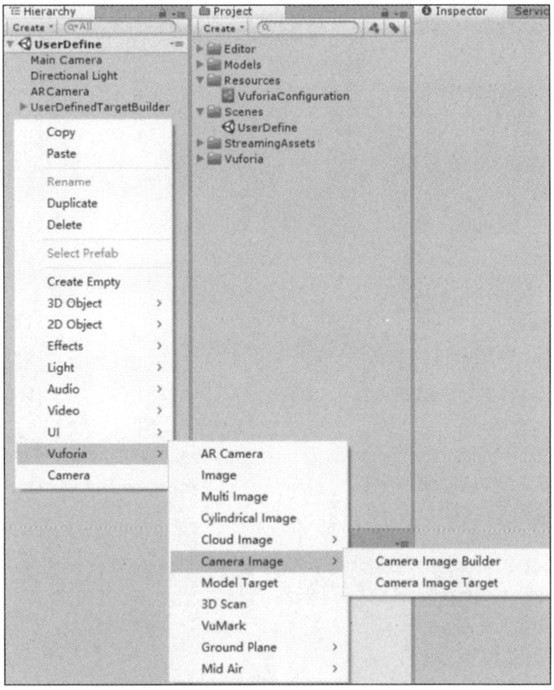

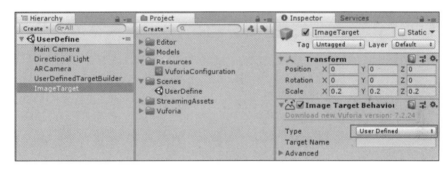

图 8-8 创建 Camera Image

微课 36

用户自定义
识别 2

图 8-9 ImageTarget 的 Type 属性

创建一个 Image，将其命名为 Camera，并为它赋予纹理图，如图 8-10 所示。

图 8-10 创建摄像机界面

微课 37

用户自定义
识别 3

创建脚本 UDTEvent.cs 并将其挂载给 UserDefinedTargetBuilder，实现自定义拍照识别的功能，具体代码如下。

```csharp
using System.Collections;
using System.Collections.Generic;
using UnityEngine;
using Vuforia;
public class UDTEvent : MonoBehaviour,IUserDefinedTargetEventHandler
{
    private UserDefinedTargetBuildingBehaviour mTargetBuildingBehavior;
    private ObjectTracker objectTracker;
DataSet dataSet;//数据集
    public ImageTargetBehaviour imageTargetTemplate;
    int counter = 0;//创建的数据个数
    ImageTargetBuilder.FrameQuality frameQuality = ImageTargetBuilder.FrameQuality.FRAME_QUALITY_NONE;//定义数据集的质量
    void Start ()
    {
            mTargetBuildingBehavior = this.GetComponent<UserDefinedTargetBuildingBehaviour>();
        if (mTargetBuildingBehavior)
        {//如果找到这个组件，自动执行下面3个以On开头的函数
            mTargetBuildingBehavior.RegisterEventHandler(this);
            Debug.Log("Registering !");
        }
}
    public void OnFrameQualityChanged(ImageTargetBuilder.FrameQuality frameQuality)
    {
        //获取当前场景的质量，负责创建数据集
        Debug.Log("Low camera image quality!");
        this.frameQuality = frameQuality;
        if (frameQuality==ImageTargetBuilder.FrameQuality.FRAME_QUALITY_LOW)
        {
            Debug.Log("Low camera image quality!");
        }
    }
    public void OnInitialized()
    {
        //初始化，获取对象追踪器，创建并激活数据集
        objectTracker = TrackerManager.Instance.GetTracker<ObjectTracker>();
        if (objectTracker!=null)
```

```csharp
        {
            dataSet = objectTracker.CreateDataSet();//创建数据集
            objectTracker.ActivateDataSet(dataSet);//激活数据集
        }
    }
    public void OnNewTrackableSource(TrackableSource trackableSource)
    {
        //将新的目标添加到数据集
        counter++;
        objectTracker.DeactivateDataSet(dataSet);//先禁用数据集
        if (dataSet.HasReachedTrackableLimit())//如果数据集已经达到上限，删除最早的识别图
        {//获得数据集里所有可识别的对象
            IEnumerable<Trackable> trackables = dataSet.GetTrackables();
            Trackable oldest = null;//第一次识别图 oldest 的 ID 为 null
            foreach (Trackable trackable in trackables)
            {
                if (trackable.ID < oldest.ID||oldest==null)
                {
                    oldest = trackable;
                }
            }
            if (oldest != null)//有识别图
            {
                Debug.Log("Destroying oldest!");
                dataSet.Destroy(oldest,true);//删除最早的识别图
            }
        }
        ImageTargetBehaviour imageTargetCopy = Instantiate(imageTargetTemplate);//实例化
        imageTargetCopy.gameObject.name = "UDT-" + counter;//改名字（Hierarchy 面板上的名字）
        //添加数据集
        dataSet.CreateTrackable(trackableSource,imageTargetCopy.gameObject);
        //激活数据集
        objectTracker.ActivateDataSet(dataSet);
    }
    public void BuildNewTarget()
    {
        if(frameQuality==ImageTargetBuilder.FrameQuality.FRAME_QUALITY_LOW||
```

```
frameQuality == ImageTargetBuilder.FrameQuality.FRAME_QUALITY_NONE)
    {
        Debug.Log("Cannot build new target,due to camera image quality");
    }
    else
    {
        string name = "UDT-" + counter;//Inspector面板中的Target Name
        mTargetBuildingBehavior.BuildNewTarget(name, imageTargetTemplate.GetSize().x);
    }
  }
}
```

给 Camera 添加 Button，同时给 Button 添加监听事件，如图 8-11 所示。

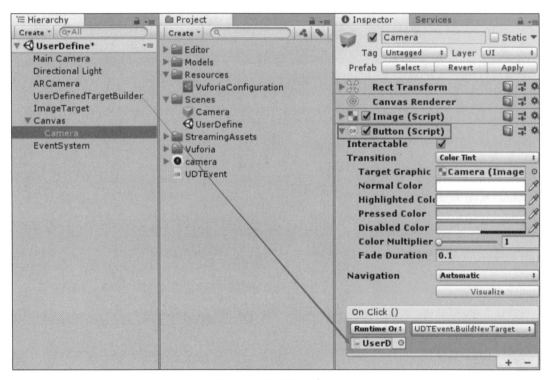

图 8-11 添加监听事件

在 Hierarchy 面板中创建 Panel，将其命名为 ImageQuality，在其下创建 3 个 Image，分别将它们命名为 Low、Media、High，如图 8-12 所示。

创建脚本 FrameQuality.cs 并将其挂载给 ImageQuality，实现自定义的图片信息高度识别时 Panel 上的图片条显示绿色，中度识别时显示黄色，识别度较低时显示红色，具体代码如下。

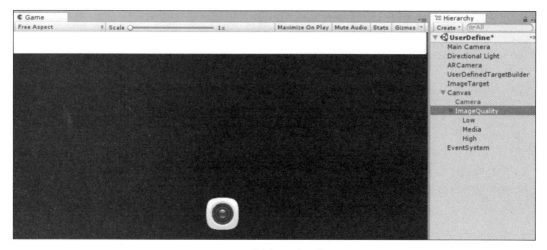

图 8-12　创建识别图片界面

```
public class FrameQuality : MonoBehaviour {
    public Image[] LowMedHigh;
    void SetMeter(Color low,Color med,Color high) {
        if (LowMedHigh.Length == 3)
        {
            if (LowMedHigh[0])
            {
                LowMedHigh[0].color = low;
            }
            if (LowMedHigh[1])
            {
                LowMedHigh[1].color = med;
            }
            if (LowMedHigh[2])
            {
                LowMedHigh[2].color = high;
            }
        }
    }
    public void SetQuality(Vuforia.ImageTargetBuilder.FrameQuality quality)
{
        switch (quality)
        {
            case (Vuforia.ImageTargetBuilder.FrameQuality.FRAME_QUALITY_NONE):
                SetMeter(Color.gray, Color.gray, Color.gray);
                break;
            case (Vuforia.ImageTargetBuilder.FrameQuality.FRAME_QUALITY_LOW):
                SetMeter(Color.red, Color.gray, Color.gray);
                break;
            case (Vuforia.ImageTargetBuilder.FrameQuality.FRAME_QUALITY_MEDIUM):
```

```
                SetMeter(Color.red, Color.yellow, Color.gray);
                break;
            case (Vuforia.ImageTargetBuilder.FrameQuality.FRAME_QUALITY_HIGH):
                SetMeter(Color.red, Color.yellow, Color.green);
                break;
        }
    }
}
```

同时修改 UDTEvent.cs 脚本的 Start 方法和 OnFrameQualityChanged 方法，具体如下。

```
public class UDTEvent : MonoBehaviour, IUserDefinedTargetEventHandler
{
    private UserDefinedTargetBuildingBehaviour mTargetBuildingBehavior;
    private ObjectTracker objectTracker;
DataSet dataSet;//数据集
    public ImageTargetBehaviour imageTargetTemplate;
    int counter = 0;//创建的数据个数
    private FrameQuality frameQualityDisplay;
    ImageTargetBuilder.FrameQuality frameQuality = ImageTargetBuilder.FrameQuality.FRAME_QUALITY_NONE;//定义数据集的质量
    void Start ()
    {
            mTargetBuildingBehavior = this.GetComponent<UserDefinedTargetBuildingBehaviour>();
        if (mTargetBuildingBehavior)
        {//如果找到这个组件，自动执行下面3个以On开头的函数
            mTargetBuildingBehavior.RegisterEventHandler(this);
            Debug.Log("Registering !");
        }
        frameQualityDisplay = FindObjectOfType<FrameQuality>();
}
    public void OnFrameQualityChanged(ImageTargetBuilder.FrameQuality frameQuality)
    {
        //获取当前场景的质量，负责创建数据集
        Debug.Log("Low camera image quality!");
        this.frameQuality = frameQuality;
        if (frameQuality==ImageTargetBuilder.FrameQuality.FRAME_QUALITY_LOW)
        {
            Debug.Log("Low camera image quality!");
        }
        frameQualityDisplay.SetQuality(this.frameQuality);
    }
```

选中 ARCamera，在 Inspector 面板中打开 Open Vuforia configuration 属性，取消勾选

DataBase 复选框，即不需要加载数据库。勾选 UserDefinedTargetBuilder 的 Start scanning auton 属性，这样脚本中的 public void OnFrameQualityChanged (ImageTargetBuilder.FrameQuality framQuality)方法才能执行。在 ImageTarget 下创建一个 Cube，当识别到自定义图像的时候，图像上出现一个方块，并将 ImageTarget 对象赋给 UserDefinedTargetBuilder 的 UDT Event Handler 组件的 Image Target Temple 属性，如图 8-13 所示。为 ImageQuality 的参数赋值，如图 8-14 所示。

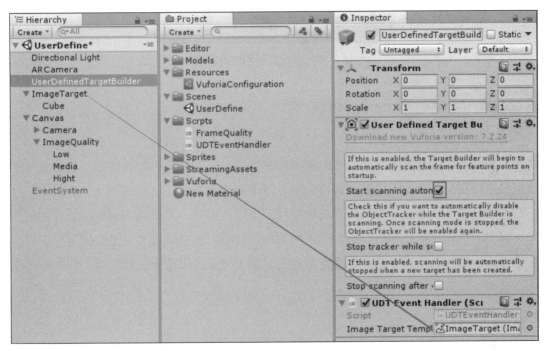

图 8-13  为 Image Target Temple 属性赋值

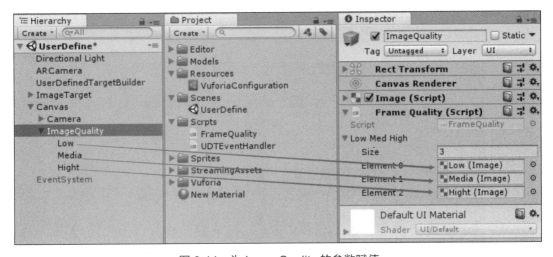

图 8-14  为 ImageQuality 的参数赋值

将场景发布到手机，运行场景 UserDefine，效果如图 8-15 所示，在拍摄的现实场景中出现了一个方块模型。

图 8-15　自定义识别运行效果

## 8.4　塔防游戏

敌人一波接着一波来袭，我们需要建造好防御设施才能够抵挡住敌人的进攻。塔防游戏的基础玩法就是通过建造强大的防御网来抵御敌人的进攻。游戏的核心玩法是需要玩家根据防御设备和敌人的基础属性，用有限的资源建造最强的防御网。

下面利用 Vuforia 自定义识别功能制作一个塔防游戏，当识别到现实环境并拍摄入库，再次识别到现实环境时，会出现塔防游戏的场景。拖曳炮塔和火箭炮到场景中可放置区域，炮塔和火箭炮会对离它最近的敌人发射子弹或者火箭炮进行攻击，敌人被击中会适当掉血，直至死亡。

### 1. 更改界面

复制场景 UserDefine，将其命名为 DefenseGame，更改界面，如图 8-16 所示。其中，将 FImg 的 Image Type 设置为 Filled，Fill Method 设置为 Horizontal，Fill Origin 设置为 Left，即向左填充，如图 8-17 所示，为便于测试，先取消激活 ARcamera、UserDefineTargetBuilder 和 ImageTarget。

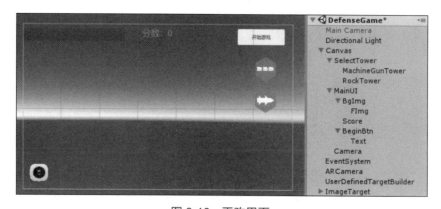

图 8-16　更改界面

图 8-17　FImg 的属性设置

## 2. 实现拖曳放置功能

制作炮塔预制体，每次拖曳时动态创建炮塔。

导入资源包 TowerDefenseAssets.unitypackage。在 Project 面板中将 TowerDefenseAssets→MachineGunTower→Prefabs 目录下的 MachineGunTower_0 预制体拖到场景中。在 MachineGunTower_0 下创建一个平面 Quad，将其命名为 Range，取消勾选 Range 的网格碰撞器 Mesh Colliderer，将 TowerDefenseAssets→MachineGunTower→UI 目录下的 Circle 材质拖到 Range 下。将 Circle 的材质球改为 Legacy Shaders→Transparent→Bumped Diffuse，并更改其材质的颜色，如图 8-18 所示。

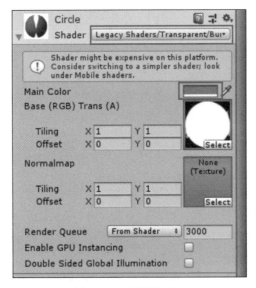

图 8-18　更改材质球

这样炮塔的预制体 MachineGunTower_0 就做好了，同理，制作火箭炮的预制体 RocketTower_0，效果如图 8-19 所示。

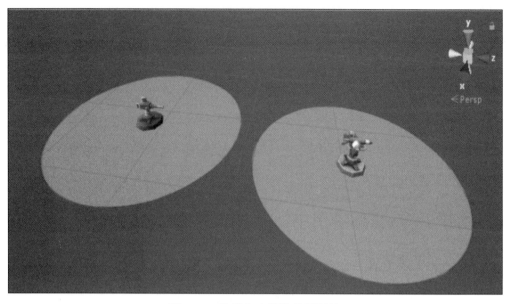

图 8-19 炮塔和火箭炮的预制体

创建脚本 DragTower.cs 并将其挂载给界面下的 MachineGunTower 和 RockTower，并将相应的预制体赋给 tower 变量，具体代码如下。

```
using UnityEngine.EventSystems;
// IPointerEnterHandler
public class DragTower : MonoBehaviour,IPointerEnterHandler
{
  public GameObject tower; // 该图标关联的炮塔预制体
  public void OnPointerEnter(PointerEventData eventData)   //鼠标指针进入该图标
会自动调用该方法（显示实现接口）
  {
     GameObject.Instantiate(tower);  //创建炮塔
  }
}
```

在 Hierarchy 面板中创建空物体 PlceManager，将其重置到世界原点，即将它的 Transform 组件的 position 属性设置为 0,0,0，并为其挂载脚本 PlaceManager.cs（用于控制炮塔放在鼠标拖放的位置），具体代码如下。

```
public class PlaceManager : MonoBehaviour {
  public static PlaceManager Instance;//单例
  public GameObject currentTower; //拖曳时当前是否已经创建了炮塔
  public GameObject effect;//放置特效的预制体
  private bool isPlaceArea = false; //是否为可放置区域
  void Awake()
  {
```

```csharp
        Instance = this;
    }
    void Update()
    {
        if(currentTower!=null)//当前有炮塔可以拖曳
        {
            Ray ray = Camera.main.ScreenPointToRay(Input.mousePosition);//从主相机向手指所点击的位置发射一条射线
            RaycastHit hit;
            if(Physics.Raycast(ray, out hit))   //检测射线是否碰撞到物体
            {
                currentTower.transform.position = hit.point;//把炮塔放在射线碰到的点
                if(hit.collider.tag=="PlaceArea")  //如果射线碰到的区域是可放置区域,则把标志设置为 true
                    isPlaceArea = true;
                else
                    isPlaceArea = false;
            }
            else //当射线没有碰到物体的时候,炮塔直接跟随鼠标指针
            {
                Vector3 pos = Camera.main.WorldToScreenPoint(currentTower.transform.position);//把炮塔的世界坐标转换为屏幕坐标
                Vector3 mousePos = Input.mousePosition;//鼠标指针的位置
                mousePos.z = pos.z;  //把炮塔的屏幕坐标的 z 值赋给鼠标指针
                Vector3 worldPos = Camera.main.ScreenToWorldPoint(mousePos);//把屏幕坐标转成世界坐标
                currentTower.transform.position = worldPos;
            }
            //放置炮塔
            if(Input.GetButtonUp("Fire1"))   //Fire1 键在 PC 端是指鼠标左键,在移动端是指手指离开触碰点
            {
                //分两种情况:一种是放置在可放置区域,另一种是放置到无效区域
                if(isPlaceArea)    //是否为可放置区域
                {
                    //找到攻击范围,隐藏
                    Transform range = currentTower.transform.Find("Range");
                    if (range)
                        range.gameObject.SetActive(false);
                    if (effect)   //创建放置的特效
```

```
                {
                    GameObject g = GameObject.Instantiate(effect,
currentTower.transform.position,effect.transform.rotation);
                    Destroy(g,2);//2 秒后销毁放置的特效
                }
                currentTower = null;
                isPlaceArea = false;
            }
            else  //无效区域
            {
                Destroy(currentTower);   //销毁当前拖曳的模型
                currentTower = null;
            }
        }
    }
}
```

修改 DragTower.cs 脚本，代码如下。

```
using UnityEngine.EventSystems;//引入世界系统
public class DragTower : MonoBehaviour,IPointerEnterHandler
{
  public GameObject tower; // 该图标关联的炮塔预制体
  public void OnPointerEnter(PointerEventData eventData)   //unity 底层的方法，鼠标指针进入该图标会自动调用该方法
  {
    if (PlaceManager.Instance.currentTower == null) //判断是否已经创建了炮塔，创建的炮塔保存在 PlaceManager 类里
    {
        GameObject g = GameObject.Instantiate(tower); //创建炮塔
        PlaceManager.Instance.currentTower = g;
    }
    else//当前已经在拖曳炮塔
    {
        Destroy(PlaceManager.Instance.currentTower);//先销毁当前拖曳的炮塔
        GameObject g = GameObject.Instantiate(tower);//再生成新的炮塔
        PlaceManager.Instance.currentTower = g;
    }
  }
}
```

将粒子特效 BuildPfx 赋给 Effect 变量，如图 8-20 所示。

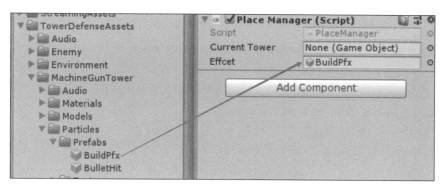

图 8-20　为 Effect 变量赋值

3．制作炮塔功能模块

炮塔有两种状态：攻击范围内没有敌人，自转；攻击范围内有敌人，向敌人射击。

将预制体 MachineGunTower_0 拖到场景中，创建脚本 Tower.cs 并将其挂载给炮塔的子对象 Turret_MachineGun_L01，为发射的子弹、攻击特效、炮口参数赋值，如图 8-21 所示，具体代码如下。

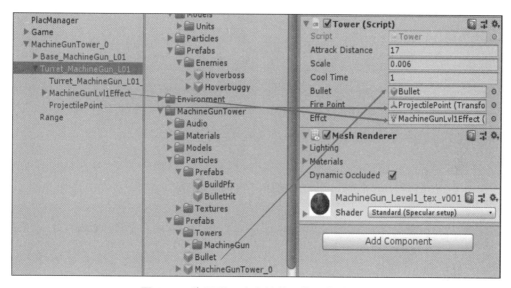

图 8-21　为子弹、攻击特效、炮口参数赋值

```
public class Tower : MonoBehaviour
{
    public float scaleDis = 0.008f;//把敌人拉进范围进行测试，使得只有敌人在有效范围内才能攻击敌人
    public float attackDistance = 5;      //攻击距离
    public float coolTime = 1;            //攻击冷却时间
    private float tempTime = 0;           //计时变量，判断攻击频率
    public GameObject bullet;             //发射的子弹
```

```csharp
    public ParticleSystem effect;            //攻击特效
    public Transform firePoint;              //子弹发射点（炮口）
    private Collider[] m_colliders;          //该数组存储攻击范围内所有的敌人
    private GameObject nearEnemy;            //攻击范围内离炮塔最近的敌人
// Update is called once per frame
    void Update () {
    tempTime += Time.deltaTime;//计时
    if(tempTime >= coolTime)   //是否过了冷却时间
    {
         nearEnemy = null;
         float distance = attackDistance*scaleDis;
         m_colliders = Physics.OverlapSphere(transform.position,
attackDistance*scaleDis);//获取以炮塔为球心、以attackDistance为半径的范围
         for(int i = 0;i<m_colliders.Length;i++)
         {
            if(m_colliders[i].CompareTag("Enemy"))   //如果是敌人
            {
                float d = Vector3.Distance(transform.position,
m_colliders[i].transform.position);//计算炮塔与敌人的距离
                if(d<distance)
                {
                    distance = d;
                    nearEnemy = m_colliders[i].gameObject;
                }
            }
         }
         if(nearEnemy != null)  //如果找到最近的敌人
         {
            transform.LookAt(nearEnemy.transform);  //炮塔看着敌人
            GameObject.Instantiate(bullet,firePoint.position,firePoint.
rotation);//创建子弹
            if(effect)
            effect.Play();//攻击播放特效
         }
         tempTime = 0;
      }
    if (nearEnemy == null)   //如果攻击范围里没有敌人
        transform.Rotate(0,60 * Time.deltaTime,0,Space.World);
    }
}
```

测试的时候，先禁用UserDefinedTarget和ImageTarget，创建一个胶囊体，将其标签

改为 Enemy，会发现当 Enemy 在攻击范围内时，炮塔会发射子弹，选中 MachineGunTower_0，将 Prefab 设置为 Apply，即更新 MachineGunTower_0 预制体，并删除 Hierarchy 面板中的 MachineGunTower_0。

将子弹预制体 Bullet 拖到场景中，添加刚体组件 Rigidbody，将 Collision Detection 设置为 Contiuous，创建脚本 GunBullet.cs 并将其挂载给 Bullet。给 Bullet 挂载声音组件，将 MG 1 声音赋给 AudioClip，将子弹特效（TowerDefenseAssets→MachineGunTower→Particles→Prefabs 目录下的 BulletHit）赋给 Gun Effect，如图 8-22 所示，具体代码如下。

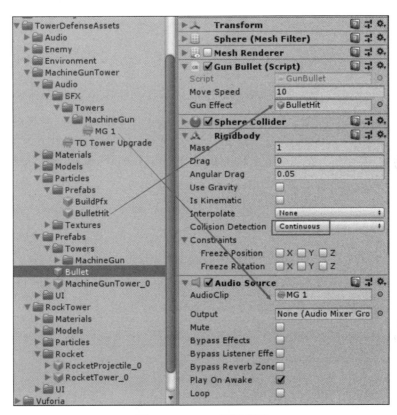

图 8-22　Bullet 属性设置

```
public class GunBullet : MonoBehaviour {
  public float moveSpeed = 10; //子弹移动速度
  public GameObject GunEffect; //子弹碰到敌人的特效
    // Use this for initialization
    void Start () {
    Destroy(gameObject,4);
    }
  void Update()
  {
    transform.Translate(0,0,moveSpeed*Time.deltaTime);//子弹沿自身 z 轴移动
```

```
}
void OnCollisionEnter(Collision col)
{
   if(col.collider.CompareTag("Enemy")) //如果碰到的物体是敌人
   {
        //创建碰撞特效
        GameObject g = GameObject.Instantiate(hitEffect, col.contacts[0].
point, hitEffect.transform.rotation);
        Destroy(g, 2);//2秒后销毁特效
        Destroy(gameObject);//销毁子弹自身
   }
}
```

#### 4．制作火箭炮功能模块

将火箭炮预制体（TowerDefenseAssets→RockTower→Rocket 目录下的 RocketTower_0）拖到 Hierarchy 面板中，添加 Audio Source 组件，将 TowerDefenseAssets→Audio→SFX→Towers→RocketLauncher 目录下的 Rocket Tower Shoot 赋给 AudioClip，如图 8-23 所示。为火箭炮预制体 RocketTower_0 挂载 Gun Bullet.cs 脚本，更改 Move Speed 为 5，将 TowerDefenseAssets→RockTower→Particles→Prefabs 目录下的 RocketExplosionPfx 赋给 Gun Effcet。

给火箭炮预制体 RocketTower_0 的子对象 Turret_RocketTower_L01 挂载脚本 Tower.cs，该子对象的参数赋值如图 8-24 所示。

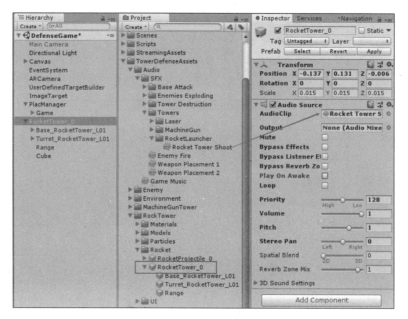

图 8-23　火箭炮参数赋值

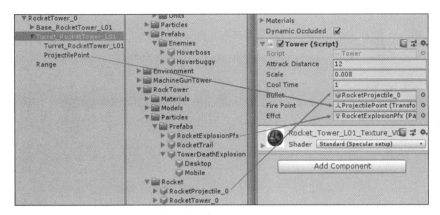

图 8-24 Turret_RocketTower_L01 参数赋值

### 5. 搭建场景

将 TowerDefenseAssets→Environment→Prefabs 目录下的地图拖到场景中，将大本营（TowerDefenseAssets→Environment→Prefabs 目录下的 End）拖到场景中，给场景中的地图游戏对象添加声音组件，并赋予声音 Game Music，设置为循环播放。

给场景炮塔可放置区域设置 PlaceArea 标签。

### 6. 敌人自动寻路

将敌人的模型 Hoverbuggy 拖到场景中，适当设置其大小，并设置其标签为 Enemy。

在 TowerAssets 下创建一个空物体 Path，并设置它的标签为 Path，在 Path 下创建几个小球作为寻路点（取消勾选 MeshRenderer），如图 8-25 所示。创建脚本 NewEnemy.cs 并将其挂载给敌人，具体代码如下。

```
public class NewEnemy : MonoBehaviour {
  private Transform[] pathPoin; //路径上所有的点
  private int currentIndex = 1;//当前移动的点
  public float moveSpeed = 2; //移动速度
  void Start () {
    GameObject path = GameObject.FindGameObjectWithTag("Path");//找到所有路径的父节点
    pathPoin=path.transform.GetComponentsInChildren<Transform>();//找到所有子对象的 Transform
  }
  // Update is called once per frame
  void Update () {
    transform.LookAt(pathPoin[currentIndex]);//车头始终朝向目标点
    transform.position=
Vector3.MoveTowards(transform.position,pathPoin[currentIndex].position,
moveSpeed*0.015f * Time.deltaTime);
```

```
    float dis = Vector3.Distance(transform.position,pathPoin
[currentIndex].position);//计算敌人与当前目标点的距离
    if(dis<0.0001f)  //到达当前目标点
    {
        if (currentIndex < pathPoin.Length-1)//如果已经是最后一个点
            currentIndex++;   //切换到下一个点
    }
}
}
```

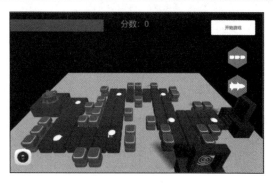

图 8-25　设置寻路点

### 7．实现敌人碰到子弹扣血的功能

将死亡特效预制体（Enemy→Prefabs→Enemies 目录下的 SmallDeathExplosionPfx）拖到场景中，更改预制体的大小，将音效（TowerDefenseAssets→Audio→SFX→Enemies Exploding 目录下的 Enemies Exploding1）赋给 AudioClip。给敌人添加盒子碰撞器和刚体，如图 8-26 所示。更改 NewEnemy.cs 脚本，代码如下。

图 8-26　添加盒子碰撞器和刚体

```
public class NewEnemy : MonoBehaviour {
    private Transform[] pathPoin; //路径上所有的点
    private int currentIndex = 1;//当前移动的点
    public float moveSpeed = 2; //移动速度
    public int score = 10; //击败敌人的得分
```

```csharp
    public int hp = 100;//敌人血量
    public GameObject deadEffcet;//敌人死亡特效
    void Start () {
       GameObject path = GameObject.FindGameObjectWithTag("Path");//找到所有路径的父节点
        pathPoin=path.transform.GetComponentsInChildren<Transform>();//找到所有子对象的Transform
    }
    // Update is called once per frame
    void Update () {
    transform.LookAt(pathPoin[currentIndex]);//车头始终朝向目标点
    transform.position= Vector3.MoveTowards(transform.position,pathPoin[currentIndex].position,moveSpeed*0.015f * Time.deltaTime);
    float dis = Vector3.Distance(transform.position,pathPoin[currentIndex].position);//计算敌人与当前目标点的距离
    if(dis<0.0001f)  //如果到达当前目标点
    {
        if (currentIndex < pathPoin.Length-1)//如果已经是最后一个点
            currentIndex++;   //切换到下一个点
    }
    }
    //检测碰撞
    void OnCollisionEnter(Collision col)
    {
      if (hp > 0)  //如果敌人还活着
      {
          if (col.collider.CompareTag("Bullet"))//如果炮塔和火箭炮的子弹标签为Bullet
          {
              hp -= 10;
              if (hp <= 0)  //如果敌人死亡
              {
                   MainUI.instance.Score(score);
                   GameObject go = GameObject.Instantiate(deadEffcet,transform.position,Quaternion.identity);//创建特效
                   Destroy(go,3);//3秒后销毁特效
                   Destroy(gameObject);//销毁敌人
              }
          }
      }
    }
}
```

同理，制作敌人预制体 Hoverboss。

### 8. 实现生成敌人的功能

创建一个球体 BornPoint，使它作为敌人生成点，去除球体碰撞体 Spehere Collider 和 Mesh Renderer 组件，创建脚本 BornEnemy.cs 并将其挂载给 BornPoint，具体代码如下。

```
public class BornEnemy : MonoBehaviour {
  public GameObject ememy1;//敌人1
  public GameObject ememy2;//敌人2
  void Start () {
    InvokeRepeating("BornEnemy1",0,5);//每隔5秒调用一次BornEnemy1的方法
    InvokeRepeating("BornEnemy2",0,10);//每隔10秒调用一次BornEnemy2的方法
  }
  //创建敌人1
  public void BornEnemy1()
  {
    GameObject.Instantiate(ememy1,transform.position,Quaternion.identity);
  }
  //创建敌人2
  public void BornEnemy2()
  {
    GameObject.Instantiate(ememy2,transform.position,Quaternion.identity);
  }
}
```

### 9. 制作玩家大本营功能模块

当敌人进入大本营后，会触发特效，攻击大本营，大本营会掉血，血量为0时游戏失败。

给大本营对象 End 添加刚体和球形碰撞器，如图 8-27 所示，调整 End 下粒子特效的大小。创建 PlayHome.cs 脚本来实现相关的代码逻辑，具体代码如下。

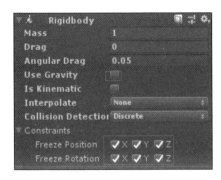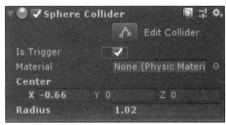

图 8-27　添加刚体和球形碰撞器

```csharp
public class PlayerHome : MonoBehaviour {
  public int hp = 100; //玩家血量
  public ParticleSystem particle;//玩家死亡的粒子效果
  public AudioSource audioS;//敌人进入大本营的音效，提示玩家
  //检测触发器碰撞
   void OnTriggerEnter(Collider col)
  {
     if(hp>0)//如果大本营还有血
     {
        if(col.CompareTag("Enemy"))  //如果进入大本营的是敌人
        {
          hp -= 20; // 掉血
          MainUI.instance.Blood(20);//刷新界面上的血量
          audioS.Play();//播放敌人进入大本营的音效
          if (hp <= 0)
              particle.Play(); //如果玩家死亡，则播放大本营爆炸的特效
          Destroy(col.gameObject);//销毁碰到大本营的敌人
        }
     }
  }
}
```

将 End 下的 AttackPfx 和 AttackSound 分别赋给变量 Particle 和 Audio S，如图 8-28 所示。

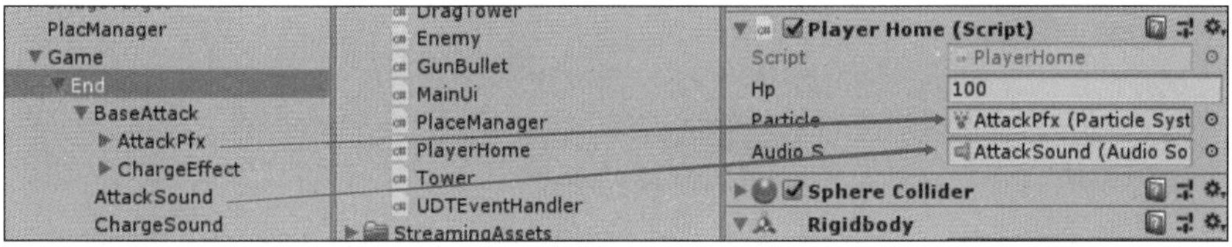

图 8-28 大本营赋值

创建 MainUI.cs 脚本并将其挂载给界面 MainUI，具体代码如下。

```csharp
public class MainUI : MonoBehaviour {
  public static MainUI instance; //单例
  public Image blood;//血条的图片组件
   public Text scoreTxt;//分数的文本组件
   public Button beginBtn;//开始按钮
   public GameObject born;//刷怪对象
   private int totalHp = 100;   //玩家总血量
```

```csharp
    private int currentHp = 100;   //玩家当前血量
    private int totalScore = 0;//玩家的总分数
    void Awake()
    {
        instance = this;   //给单例赋值
        beginBtn.onClick.AddListener(BeginGame);//给开始按钮绑定方法
    }
    //掉血的方法
    public void Blood(int b)
    {
        currentHp -= b;   //掉血
        blood.fillAmount = (float)currentHp / (float)totalHp;   //刷新血条
    }
    //添加分数
    public void Score(int s)
    {
        totalScore += s;   //累加分数
        scoreTxt.text = "分数：" + totalScore;   //刷新分数界面
    }
    //开始游戏
    public void BeginGame()
    {
        if (born)
            born.SetActive(true);//激活刷怪
    }
}
```

修改 NewEnemy.cs 脚本，代码如下。

```csharp
public class NewEnemy : MonoBehaviour {
    private Transform[] pathPoin;   //路径上所有的点
    private int currentIndex = 1;//当前移动的点
    public float moveSpeed = 2;   //移动速度
    public int score = 10;   //击败敌人的得分
    public int hp = 100;//敌人血量
    public GameObject deadEffcet;//敌人死亡特效
    void Start () {
        GameObject path = GameObject.FindGameObjectWithTag("Path");//找到所有路径的父节点
        pathPoin=path.transform.GetComponentsInChildren<Transform>();//找到所有子对象的 Transform
```

```csharp
    }
    // Update is called once per frame
    void Update () {
    transform.LookAt(pathPoin[currentIndex]);//车头始终朝向目标点
    transform.position= Vector3.MoveTowards(transform.position,pathPoin[currentIndex].position, moveSpeed*0.015f * Time.deltaTime);
    float dis = Vector3.Distance(transform.position,pathPoin[currentIndex].position);//计算敌人与当前目标点的距离
    if(dis<0.0001f)  //如果到达当前目标点
    {
        if (currentIndex < pathPoin.Length-1)//如果已经是最后一个点
            currentIndex++;   //切换到下一个点
    }
  }
  //检测碰撞
  void OnCollisionEnter(Collision col)
  {
    if (hp > 0)  //如果敌人还活着
    {
        if (col.collider.CompareTag("Bullet"))//如果炮塔和火箭炮的子弹标签为Bullet
        {
            hp -= 10;
            if (hp <= 0)  //如果敌人死亡
            {
                MainUI.instance.Score(score);
                GameObject go = GameObject.Instantiate(deadEffcet,transform.position,Quaternion.identity);//创建特效
                Destroy(go,3);//3秒后销毁特效
                Destroy(gameObject);//销毁敌人
            }
        }
    }
  }
}
```

修改 PlayerHome.cs 脚本，代码如下。

```csharp
public class PlayerHome : MonoBehaviour {
  public int hp = 100;  //玩家血量
  public ParticleSystem particle;//玩家死亡的粒子效果
  public AudioSource audioS;//敌人进入大本营的音效，提示玩家
  //检测触发器碰撞
```

```
void OnTriggerEnter(Collider col)
{
    if(hp>0)//如果大本营还有血
    {
        if(col.CompareTag("Enemy"))  //如果进入大本营的是敌人
        {
            hp -= 20; // 掉血
            MainUI.instance.Blood(20);//刷新界面上的血量
            audioS.Play();//播放敌人进入大本营的音效
            if (hp <= 0)
                particle.Play();  //如果玩家死亡,则播放大本营爆炸的特效
            Destroy(col.gameObject);//销毁碰到大本营的敌人
        }
    }
}
```

运行场景DefenseGame,效果如图8-29所示。接下来将ARCamera、UserDefineTargetBuilder和ImageTarget开启,并将游戏对象Game作为ImageTarget的子对象打包发布到手机端测试。当手机识别到拍摄的图片时,会在现实环境中出现塔防游戏,如图8-30所示。

图8-29　塔防游戏测试效果1

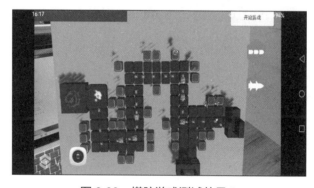

图8-30　塔防游戏测试效果2

## 【单元小结】

本单元主要对 Vuforia 圆柱体识别和自定义识别功能进行介绍，详细讲解圆柱体识别和自定义识别的制作流程，并结合塔防游戏带领读者动态加载模型，实现 AR 交互。

## 【单元习题】

1. 在 Unity 中创建标准几何体 Cube，并基于 Vuforia 实现扫描长方体识别后出现方块的效果。

2. 在 Unity 中创建标准几何体 Cube，并基于 Vuforia 实现扫描现实环境识别后出现方块的效果。

# 参考文献

[1] 王霞. Unity3D 游戏开发项目教程[M]. 成都：西南交通大学出版社，2019.

[2] 李婷婷. Unity AR 增强现实开发实战[M]. 北京：清华大学出版社，2020.

[3] 吴雁涛. Unity3D 平台 AR 开发快速上手基于 EasyAR 4.0[M]. 北京：清华大学出版社，2020.

[4] [奥]迪特尔·施马尔斯蒂格，[美]托比亚斯·霍勒尔. 增强现实：原理与实践[M]. 北京：机械工业出版社，2020.